U0151816

知识管理与智能服务研究前沿丛书

2022年度湖北省社科基金一般项目（后期资助项目）（HBSK2022YB383）成果
湖北省教育厅哲学社会科学项目（21Q098）成果
湖北省教育厅科学研究青年人才计划项目（Q20221506）成果

复杂科学视角下的
水上飞机起降安全风险演化机理研究

Research on the Evolution Mechanism of Takeoff and Landing Safety Risks
for Seaplanes from the Perspective of Complex Science

肖琴　著

WUHAN UNIVERSITY PRESS
武汉大学出版社

图书在版编目(CIP)数据

复杂科学视角下的水上飞机起降安全风险演化机理研究/肖琴著.—武汉：武汉大学出版社,2023.4
　　知识管理与智能服务研究前沿丛书
　　ISBN 978-7-307-23595-3

　　Ⅰ.复…　Ⅱ.肖…　Ⅲ.水上飞机—飞行安全—研究　Ⅳ.V271.5

中国国家版本馆 CIP 数据核字(2023)第 026950 号

责任编辑:黄河清　　　　责任校对:李孟潇　　　　版式设计:马　佳

出版发行:**武汉大学出版社**　　(430072　武昌　珞珈山)
　　　　　　(电子邮箱:cbs22@ whu.edu.cn　网址:www.wdp.com.cn)
印刷:武汉市金港彩印有限公司
开本:720×1000　1/16　　印张:14.5　　字数:207 千字　　插页:2
版次:2023 年 4 月第 1 版　　2023 年 4 月第 1 次印刷
ISBN 978-7-307-23595-3　　　定价:58.00 元

前　　言

近年来，随着低空空域的逐步开放，我国通用航空迎来了蓬勃发展的时代，水上飞机因其依赖资源少，成为我国通用航空业的重点发展领域。然而，频繁的不安全事件和安全事故在一定程度上制约了我国水上飞机的发展。对近年来水上飞机不安全事件和安全事故的分析可知，事故多发生于起降阶段且引发事故的风险因素错综复杂，从而加大了水上飞机安全管理的难度。为了明确水上飞机起降安全风险演化规律进而提高其安全管理水平，本书综合运用复杂网络理论、传播动力学理论、演化博弈理论等相关理论和方法，对水上飞机起降安全风险演化机理进行研究。

本书的主要研究内容包括以下五个方面：第一，界定了水上飞机起降安全风险及风险演化的概念，梳理了相关理论，运用扎根理论识别了水上飞机起降安全风险因素，得到风险因素概念模型。第二，基于风险因素概念模型，设计水上飞机起降安全风险调查问卷，采用结构方程模型分析了各风险因素对起降安全风险因素的作用路径。第三，以风险因素间的作用路径为基础，构建了水上飞机起降安全风险演化的有权有向网络拓扑结构，验证了该复杂网络的无标度特性；采用 MATLAB 编程仿真网络在随机攻击和蓄意攻击情况下的功能鲁棒性和结构鲁棒性；对比不同度量指标在蓄意攻击下的网络鲁棒性效果，识别网络的关键风险因素，提出断链控制策略；采用链路预测方法对网络中未连接节点对间的连边进行预测，加强断链控制策略的效果。第四，根据水上飞机起降安全风险的传

1

染延迟效应，构建无标度网络上的风险传染延迟模型（D-SEIRS）；利用 Routh-Hurwitz 判据分析模型平衡点的稳定性，求解模型的稳态密度及基本再生数；运用 MATLAB 软件对模型进行数值仿真，揭示水上飞机起降安全风险的动态传染规律，提出了控制水上飞机起降安全风险传播的目标免疫策略。第五，在对水上飞机起降安全监管特征分析的基础上，构建了基于复杂网络的起降安全监管演化博弈模型，仿真分析了模型中的参数对合作行为的影响，并根据分析结果制定了水上飞机起降安全风险监管对策。

本书的创新点包括：揭示了水上飞机起降安全风险因素间的作用机理，丰富了水上飞机起降安全风险因素作用关系的研究；构建了水上飞机起降安全风险网络结构，从鲁棒性和链路预测的角度揭示了水上飞机起降安全风险网络的演化规律；构建了水上飞机起降安全风险传染的 D-SEIRS 模型，实现了水上飞机安全风险动态研究的新突破；构建了基于复杂网络的水上飞机起降安全监管演化博弈模型，拓宽了水上飞机起降安全风险监管研究的思路。

目　录

1

第1章 绪 论

1.1 研究目的和意义

1.1.1 研究目的

国务院、中央军委于 2010 年出台的《关于深化我国低空空域管理改革的意见》促进了我国低空空域的开放,为我国通用航空的发展拉开了序幕,2016 年国务院发布的《关于促进通用航空业发展的指导意见》进一步加快了我国通用航空产业的发展步伐。2018 年民航发展统计公报显示,截至 2018 年年底获得通用航空经营许可证的通用航空企业 422 家、在册航空器 2495 架,然而开展实际业务的通航企业数量并不多。尽管目前通航业务量不大,但是其安全形势不容乐观,据民航资料网不完全统计,2015—2018 年国内发生通用航空不安全事件分别为 12 起、23 起、38 起、18 起,造成死亡人数分别为 18 人、26 人、9 人、16 人。由此可知,随着通航产业的发展,其安全形势日益严峻,有必要对其安全问题开展研究。

水上飞机作为一种便捷高效的交通工具和休闲娱乐工具,受到了公众的广泛青睐。两栖水上飞机因其独特的起降方式而得到了广泛的应用,然而其安全问题却成为了制约水上飞机发展的主要因素。近年来,国内外发生了多起水上事故,2016 年 7 月 20 日,幸福通航一架塞斯纳 208B 型水上飞机执行上海金山飞往舟山任务，在起飞阶段发生撞桥事故，致使机内 5 人死亡、5 人受伤；2017 年 4 月 30 日，山西临汾一架用于休闲旅游的水上飞机降落时因操作不当，与水库碰撞起火，造成机上 2 人死亡；2017 年 12 月 31 日，澳大利亚悉尼地区的一架水上飞机坠毁，造成 6 人死亡；2018 年 7 月 4 日，海南一架水陆两栖小型飞机在飞行训练时坠入水库，造成两名飞行员死亡；2019 年 5 月 13 日，美国阿拉斯加州凯奇坎附近的两架旅游观光水上飞机相撞坠毁，造成 6 人死亡，10 人受伤；2019 年 5 月 21 日，美国阿拉斯加东南部一架水上飞机失事，造成 2 人死亡。由此可见，近年来水上飞机安全事故频繁，开展水上飞机安全风险研究迫在眉睫，而水上飞机起降是整个运行过程中最关键的环节，因此该阶段的安全问题更应得到关注。本书主要从企业层面研究水上飞机的起降安全，但是由于我国通用航空业务仍处于起步阶段，相关的行业监管机制不完善，因此本书在最后从行业的层面对其安全监管也进行了部分探究。

为了满足提高通用航空水上飞机起降安全风险管理水平的现实需求，本书通过对水上飞机起降安全风险因素的识别、归纳、整理，鉴别影响水上飞机起降安全的主导风险因子，为水上飞机安全风险管理提供指导；通过对水上飞机起降安全风险因素作用机理的分析，探究水上飞机起降安全风险间的内在作用机制；通过对水上飞机起降安全风险演化复杂网络模型和风险传染模型的探究，揭示水上飞机起降安全风险演化和传染规律，为水上飞机起降安全风险管理找到突破口；通过对水上飞机起降安全风险监管复杂网络演化博弈的分析，探究水上飞机起降安全的监管策略，最终目的在于提升通用航空企业的安全风险管理水平，促进通用航空产业的健康发展。

1.1.2　研究意义

(1) 理论意义

①弥补了现有研究缺乏针对风险因素间相互关系探讨的不足

现有关于水上飞机起降安全的研究主要集中在水上起降风险因素分析，缺乏针对陆上起降和水陆转换操作的风险因素识别，且风险因素对水上飞机起降安全作用路径的探讨仍有待加深。本书基于扎根理论全面识别水上飞机起降安全风险因素，构建风险因素概念模型，通过因子分析筛选风险因素，采用结构方程模型分析水上飞机起降安全风险作用机理，探究风险因素对起降安全的作用路径，丰富了水上飞机起降安全风险因素作用关系的研究，弥补了现有研究的不足。

②为水上飞机起降安全风险演化规律的研究提供了新视野

运用复杂网络理论，构建水上飞机起降安全风险演化模型，将风险因素间的作用路径系数作为模型参数代入模型，克服了现有研究参数确定过于主观的问题，从关键风险因素和链路预测的角度探究水上飞机起降安全风险网络的演化过程，深化对水上飞机起降安全风险的认识，为其研究提供新视野。

③丰富了水上飞机起降安全风险传染机理的研究

目前，关于水上飞机安全风险传染的研究较少，且现有关于航空安全风险传染的研究主要集中在传统的传染病模型。本书在对水上飞机起降安全风险传染特性分析的基础上，对传统传染模型进行改进，提出了水上飞机起降安全风险的延迟传染模型（D-SEIRS 模型），揭示了水上飞机风险传染的规律，丰富了水上飞机起降安全风险传染机理的研究。

④拓宽了水上飞机起降安全风险监管研究的思路

现有关于通航安全监管的研究中博弈主体往往只有两个或三个，然而现实中企业间的博弈并非简单的两方或三方博弈。本书从复杂网络博弈的视角构建了水上飞机起降安全监管的演化博弈模型，仿真分析了模型参数对多方主体间博弈合作行为的影响，拓宽了水上飞机起降安全监管演化博弈的研究思路。

（2）现实意义

水上飞机是航空器和船舶的复合体，其运行具有空中飞行与水面航行衔接的独特性，两栖水上飞机还具有陆上起降的特点，安全风险因素错综复杂，涉及人员、航空器、环境和管理因素。因此，开展水上飞机起降安全风险演化研究具有一定的现实意义。

①为通用航空企业找到水上飞机起降安全的薄弱环节

本书采用扎根理论对影响水上飞机的风险因素进行了全面的识别，采用因子分析筛选风险因素，鉴别影响水上飞机起降的主导风险因素，有助于通航企业了解水上飞机起降安全的薄弱环节。

②为水上飞机起降安全管理找到突破口

通航企业在水上飞机起降安全管理方面，由于不了解因素间的相互作用关系以及缺乏定量的数据支撑，往往导致安全管理效果不佳。本书在风险因素识别的基础上，分析因素间的相关关系、构建水上飞机起降安全风险的结构方程模型、明确各风险因素对起降安全风险因素的作用路径关系，为通航企业安全管理找到突破口。

③促进通用航空企业安全管理体系的实施

民航安全管理体系主要包括风险源识别、分析、评估、控制四个主要内容，在识别了风险因素后需要分析引起这一风险的原因及其危害，该阶段会决定最后采取的措施是否有效，因此是一个重要的过渡阶段。本书通过对水上飞机起降安全风险演化规律和传染规律的探讨，能够进一步明确起降安全风险在风险因素间的不同作用下的变化过程，梳理了不同原因下的不同风险，为水上飞机安全管理指明方向，有助于促进通用航空企业安全管理体系的实施。

④为提高通用航空产业安全管理水平提供理论指导

水上飞机事故频发使其安全监管成为通航企业乃至整个通航产业面临的主要问题，根据通航企业在监管博弈中的行为变化，明确影响水上飞机安全监管的主要因素，进而制定针对性的对策建议，为提高通航企业的安全管理水平提供理论指导。

综上所述，本书有助于全面了解水上飞机起降安全风险管理的不足，提升其安全管理水平，促进我国通用航空的可持续发展。

1.2 国内外相关研究综述

安全风险的研究源于安全事故的发生，航空事故的频发，促进了学者们对航空安全风险的研究。航空安全自提出以来受到了社会各界的广泛关注，风险致因理论为航空安全风险的研究奠定了基础，其中 SHEL 模型、Reason 模型、人为因素分析和分类系统因其具有普适性而得到广泛应用。1988 年，Edwards 将 SHEL 模型推广应用于航空安全人为因素领域[1]。1990 年，著名的 Reason 模型首次被提出[2]。2000 年，Shappell 和 Wiegmann 将人为因素分析和分类系统运用于民航人为差错分析[3]。学者们基于这些理论，针对民航安全风险展开了深入的研究，本书拟运用这些理论解决水上飞机起降安全风险演化问题，将从陆上起降安全风险、水上起降安全风险、安全风险演化机理三个方面进行综述。

1.2.1 陆上起降安全风险管理的研究

两栖水上飞机在陆上的起降过程与运输航空和通用航空除直升机外的其他小飞机的起飞和进近过程类似，运输航空和通用航空陆上起飞和进近阶段安全风险的研究能为水上飞机的起降研究提供借鉴。起飞和进近是航空事故多发阶段，学者们针对起飞和进近安全开展了大量的研究。

(1)运输航空起降安全风险的研究

①风险因素分析

赵鹏等对起飞和进近阶段的危险源进行分析，构建了起飞前和进近着陆机组风险意识检查单，旨在避免人的失误、遗忘，增强机组风险意识[4]。周长春和胡栋栋对航空公司飞机进近着陆事故的分析指出，机组疏忽/处置不当、缺乏位置意识、飞行操纵不当、盲目蛮干和环境因素是导致进近着陆事故的主要因素，在此基础上构建了进近着陆安全性评价指标体系，并采用灰色聚类法对其安全性进行评估，结果与实际相符[5]。张晓全等通过对跑道偏离事故数据的统计分析，结合跑道特点从机组、管制、航空器、气象条件、跑道、管理六个方面识别了跑道偏离的风险因素，采用模糊层次分析法对风险因素的重要度进行排序，研究指出复飞政策不合理、跑道污染、机组训练不充分、缺乏稳定进近准则、管制员未能引导飞机稳定进近、机场跑道维护管理不合理、未及时复飞、机组资源管理失效是影响跑道偏离的主要风险因素[6]。Chang 等人运用 SHELLO 对影响跑道侵入的人为风险因素进行分类[7]。孙瑞山和杨绎煊通过对飞行数据的分析得出，擦机尾事件是飞机起飞过程中一类典型的事故症候，机组操作失误是导致擦机尾事件的主要原因。他们利用 K-S 检验模拟飞机起飞离地仰角值的分布进而对飞机擦机尾事件的风险进行预测，通过实例分析指出，飞机起飞离地仰角值服从正态分布，并将擦机尾风险值进行了排序[8]。Infante 等对飞机起飞降落过程中起落架故障进行了研究，指出起落架故障主要发生在起飞和着陆阶段，且从起落架材质方面分析了故障的原因，指出材料疲劳使用是导致起落架故障的主要原因[9]。Lee 和 Jin 利用回归分析研究了飞行员疲劳风险，指出飞行方向、机组人员安排、合作关系、飞机环境、工作分配、种族差异会影响飞行员疲劳[10]。

②风险评估

Stroeve 等采用蒙特卡洛仿真方法模拟评估了不同空中交通场景的风险[11]。罗军和林雪宁综合运用模糊集和改进的 TOPSIS 方法对运输航空跑道侵入风险进行评估[12]。Stroeve 等分别基于事件序列和基于多代理动态模型对跑道侵入风险进行了评估，并对比了评估结果[13]。张宗路和张兆宁从环境因素的角度出发，采用非线性可拓综合评价法对影响跑道侵入风险进行了评价[14]。唐辛欣和罗帆运用灰色聚类理论对影响跑道侵入的人为风险进行了综合评价[15]。Barker D 和 Barker W 基于逻辑回归和贝叶斯逻辑回归构建跑道侵入模型并进行了可能性评估[16]。卢飞、张宗路等运用模糊综合评价法对跑道侵入的风险指标进行评价[17]。Skorupski 提出了一种模糊风险矩阵用于评估飞机碰撞风险[18]。刘继新等从人—

机—环—管四个方面分析了跑道侵入的风险因素，并采用模糊层次分析法对跑道侵入风险进行评估[19]。Stroeve 等运用基于代理的动态风险模型，对跑道入侵情景风险进行了评估[20]。刘俊勇等利用小波神经网络和蝙蝠算法构建了机场滑行道安全风险预警模型[21]。Erjavac 等收集了 NTSB 上的事故数据，分析了影响通用航空和空中巴士事故中的人因失误及影响人因失误的直接原因因素和潜在因素，采用逻辑回归模型对通用航空起降阶段飞行员人因失误对事故严重度的影响作用进行了对比研究[22]。

③风险管控

许桂梅、黄圣国构建了跑道事故风险防御体系，从技术开发和组织支持两方面提出了跑道事故风险控制策略[23]。Kuznetsov 等提出了一种估算和预测将来航空器活动的算法，该算法能预测起飞阶段飞机在跑道上的位置，进而将飞机加速到稳定水平的速度和高度克服高空障碍物的影响，同时也能预测飞机着陆阶段制动距离的长度。为了提高预测的可能性，对预测算法进行了修正，并给出了不同重量的客机起飞和降落过程中发动机故障的仿真结果[24]。Wang 等通过对快速存取记录器(QAR)数据的分析，找出了长时间着陆事故的关键飞行参数特征，比较了长时间着陆和正常着陆飞行参数的差异，并从飞行员操作的角度提出了预防措施[25]。赵宁宁和赵宇婷在对飞机偏冲出跑道事故分析的基础上，建立了相应的事故树模型对起降过程中冲偏出跑道的原因进行了分析，计算了模型的最小割集和最小径集，分析了事故发生的条件及应对措施，结合贝叶斯网络模型计算了中间事件的条件概率，为管理部门明确了管理重点[26]。朱代武等采用 Reich 碰撞模型和碰撞风险模型，从纵向、横向、垂向分析了两机在目视条件下进近碰撞的概率，研究表明目视间隔和目视进近可作为一种安全的空中交通管制运行模式[27]。

(2)通用航空起降安全风险的研究

①风险因素分析

Bennett 等对仪表飞行条件下通用航空的事故进行了分析，指出在进近和着陆阶段仪表飞行的风险低于目视飞行，然而单个飞行员仪表飞行的风险率仍然高于双飞行员仪表飞行[28]。Baker 等的研究指出,在通用航空坠机事件中飞行员的失误类型存在很大的性别差异,机械故障、起落架着陆、不适当的 IFR 方法、与电线或杆的碰撞在男性飞行员的碰撞中更为常见;失去对降落/起飞的控制在女性飞行员中更为常见;对飞机动力学的处理不当、决策失误和疏忽是最常见的飞行员错误,在飞行员训练中应得到更多的关注[29]。Li 等指出在仪表气象条件和有缺陷的决策下,持续的目视飞行导致与酒精相关的撞车事故比其他事故的可能性更大[30]。Malygin 等的研究指出,通用航空事故的原因主要在于飞行员、航空器拥有者和运营者[31]。美国总会计师事务所的一篇报告节选指出,超过三分之二的通用航空重大事故是由飞行员的失误(程序、技能、判断失误)引起的,美国联邦航空局采取了重要举措加强飞行员在起飞、降落、飞行模式下的培训、技能和程序管理[32]。Li 等人的研究显示,飞行员醉酒驾驶历史是通用航空飞行员风险的有效标志[33]。Dambier 和 Hinkelbein 采用人为因素分析和分类系统对德国通用航空事故原因进行分析,指出大多数事故发生在夏天的周末,在进近和着陆阶段由于飞行员失误而发生[34]。Molesworth 和 Estival 的研究指出飞行员的工作负荷、音频信号质量、飞行员或操纵员的口音,操作员的英语熟练程度以及不使用标准用语等因素都会导致通信错误[35]。Boyd 和 Stolzer 分析了通用航空事故的诱发因素,其中不遵循检查表/飞行手册是最常见的诱发因素[36]。佟刚和张利国指出低空空域管理飞行安全的主要威胁包括:缺乏有效的预警探测、指挥设备,低空通信、雷达覆盖不足,飞行动态难以准确掌握[37]。Boyd 指出差的仪表器进近程序、雷暴、障碍物/地形的清晰性不足均会导致通用航空事故的产生[38]。Boyd 研究了通用航空事故与航空器超重/中心受限的相关性,指出大部分事故是由于航空器在重心范围内超重运行[39]。高扬和王向章从人—机—环—管等方面构建了通用航空机务维修安全风险指标体系,通过 G1 法确定了指标的权重,采用决策实验和实验评价法从中心度和原因度对机务维修安全风险进行分析,确定了关键的风险因素[40]。

②风险评估

王永刚和孙瑶以事故树分析法(FTA)为基础建立了贝叶斯网络(BN)风险评价模型,对通用航空中的两机空中相撞事故进行推理[41]。曾敬等提出了风险势能的概念用于评估通用航空机场空域容量和风险[42]。高扬和刘单单利用系统可靠性理论,建立了通用航空器与运输航空器碰撞风险预测模型[43]。张兆宁等建立了自由飞行状态下飞行器发生碰撞的事故树模型,运用贝叶斯网络分析了飞行员可靠性对碰撞风险的影响[44]。王向章等从人—机—环—管四个方面构建了通航维修风险评价指标体系,并综合采用层次分析法和灰色评级理论对通航维修风险进行了综合评价[45]。高扬和孙庆雷综合运用模糊层次分析法和可拓优度评价法对公务机的运行安全风险进行了评价[46]。高扬等通过整合运输飞机轨迹模型和通用飞机随机轨迹模型,建立了终端区航空器飞行冲突风险预测模型[47]。Diamoutene等基于历史事故数据调查了美国通用航空事故风险,并采用超阈波峰方法和广义帕累托分布预测了未来通用航空重大事故的数量[48]。

③风险管控

Gramopadhye等通过对通用航空不同地理位置航空器的设备设施检查作业的任务分析,完善了通用航空检查/维修系统[49]。Sadasivan等探讨了在通用航空工业中使用先进技术进行检验训练和减少检查员误差的问题[50]。尧丰等在J2EE体系结构的基础上,构建了集成Struts和Hibernate框架的低空空域综合管理系统架构模型,并分析了系统功能模块划分和具体的业务流程[51]。杨晓强等对通用航空安全管理信息系统进行了研究,提出了其开发过程及对通用航空业的促进作用[52]。陈勇刚在对国际民航组织提出的航空安全管理体系分析的基础上,结合我国通用航空安全管理模式,从基础、运行、监督、改进模块构建了适合我国通用航空的安全管理体系,并探讨了其实施和评估的步骤[53]。Ružica Vuković提出了应用Geofoto算子实现通用航空安全管理体系(SMS)的思路[54]。胡馨如等根据需求分析设计了通用航空机场安全信息管理系统,并对其包含的八大功能进行了介绍[55]。

9

（3）研究评述

综上所述，国内外学者在运输航空和通用航空起降安全风险研究方面取得了丰富的成果，且成果主要集中在风险因素分析、风险评估、风险控制方面，为水上飞机陆上起降提供了一定的借鉴意义。然而，现有研究在对起飞和进近阶段安全风险因素分析方面，只考虑了各风险因素的作用效果，缺乏针对风险因素间作用关系的分析；现有研究主要是从静态层面对起降安全风险进行研究，缺乏动态方面的研究。

1.2.2　水上起降安全风险管理的研究

水上飞机是指能在水面上起飞、降落和停泊的飞机，分为浮筒型、船身型和水陆两栖型，同时也能在陆上机场起飞降落的，称为两栖飞机[56]。学者们对水上飞机运行安全进行了一定的探讨，研究成果主要集中在技术设计安全方面和安全风险分析方面。当水上飞机在水面滑行时，可被视为船舶，其安全问题类似于船舶的安全问题，因此船舶碰撞风险的研究能为本研究提供借鉴。

（1）水上飞机起降安全风险的研究

①水上飞机设计安全

Trillo R L 考虑水上飞机的业务特点和机翼在地表效应的限制条件，指出操作必须限制在平静的河流和湖泊上[57]。Nebylov A V 和 Nebylov V A 探讨了在波浪干扰下水上飞机降落的控制对策[58]，其后他们还研究了水上飞机在波浪扰动下着陆的智能控制[59]。Iliopoulou 等以希腊大陆与岛屿为例，分析了水上飞机服务的路径问题[60]。Dala L 研究了水上飞机起飞过程中的动态稳定性，根据历史数据指出在一定的条件下飞机会发生颠动，在垂直方向和重力中心会发生不稳定的碰撞[61]。Voloshchenko V Y 从水上机场规划和建设方面论证水上飞机在起降区域运行的安全性[62]。Castelluccio F 等对直升机与水上飞机旅客运输方式进行了比较分析，归纳出水上飞机运行的特征[63]。王明振等对两栖水上飞机设计过程中横截面水冲击的影响进行了研究，指出弧形横截面形式有利于降低水陆两栖飞机在复杂海况下的着水冲击载荷[64]。翁建军和秦雪儿等在对水上飞机滑行和起降各阶段的操纵性能及航行特点分析基础上，构建了水上飞机与船舶安全会遇间距模型，计算了水上飞机移动安全区尺度[65]。刘亮亮和黄文峰为保障水上飞机的安全运行，对水上保障设备进行了设计[66]。Xiao 和 Luo 出于对水上飞机运行安全的角度出发，对水上机场建设的问题及成因进行了分析，指出机场建设审批缓慢、维护成本高、机场规格不统一、碍航性偏大、选址不适当、设计不合理是主要问题，国家相关政策支持不到位、缺乏水上机场系统规划、缺乏行业规范、相关法律法规不适合通航特点是导致这些问题的主要原因[67]。蒋荣等将层次分析综合评估方法运用于水上飞机抗浪性能评估，并通过对海鸥 300 水陆两栖飞机的实例分析验证了该方法的有效性和可行性[68]。

②水上飞机安全风险分析

翁建军和周阳通过对水上滑行和起降特点的分析，识别了水上飞机与船舶碰撞的风险因素并对因素间的相互作用进行了分析，运用集成决策实验室方法和解释结构模型法构建了碰撞风险因素的多阶梯结构模型[69][70]。潘正华、刘文杰等阐述了三亚湾水上飞机临时起降场的程序设计及运行的问题，涉及水上飞机运行安全的环境风险因素[71]。Qin 等在船舶安全二维研究模型的基础上结合水上飞机航行的特点和安全要求，提出了水上飞机的三维研究模型，为水上飞机起飞和着陆过程提供了现场监督和技术支持，有助于提高作业区的航行安全[72]。翁建军和周阳运用元胞自动机构建了水上飞机与船舶港口异质交通流模型，用于提高通航效率，降低水上飞机与船舶碰撞的风险[73]。Guo 等对水上飞机的安全管理进行了探讨，开发了通用水上飞机模型，从人机环管四个方面构建了水上飞机起降阶段的风险指标体系[74]。张攀科等结合集成故障树和贝叶斯网络方法分析了水上飞机起降阶段水上机场航道冲突风险的关键影响因素[75]。

（2）船舶碰撞安全风险的研究

当水上飞机在水面运行时与船舶类似，学者们对船舶碰撞事故安全开展了广泛的研究，其安全风险的研究能为水上飞机提供借鉴。Hetherington 等梳理了现有关于船舶安全事故相关的文献，指出疲劳、压力、健康、情境意识、团队合作、决策、沟通、自动化和安全文化在事故中普遍存在，通过控制这些因素能有效控制事故[76]。Trucco 等提出将考虑人为因素和组织因素的贝叶斯网络模型和事故树相结合运用于船舶事故风险分析中，以降低船舶高速运行中的风险概率[77]。Celik 和 Cebi 运用模糊层次分析法对人为因素分析与分类系统方法进行改进后，对船舶事故的人为差错进行分析，指出技能失误是主要的差错类型，沟通、合作、计划是主要的影响因素[78]。Celik 等提出了模糊扩展事故树分析方法用于分析船舶事故，指出技术故障、操作失误、立法缺失是影响事故的主要因素[79]。Hänninen 和 Kujala 运用贝叶斯网络模型对影响船舶碰撞的因素进行了分析，并采用假定碰撞概率有差异、敏感值和交互信息三种方式进行了验证，指出船舶相遇时观察人员的行为模式对碰撞最有影响[80]。Chauvin 等采用人因分类和分析系统对船舶海上碰撞事故的人为因素和组织因素进行了分析，指出大多数的碰撞事故是由决策失误导致的，然而船舶桥梁资源管理缺陷和缺乏 SMS 会导致决策失误[81]。Chen 等基于人因分析与分类系统提出了针对海事事故分析的人为因素和组织因素分析方法，按照个体的不安全行为、不安全行为的先决条件、不安全监管、组织影响、外部因素影响的顺序回溯，找到影响船舶事故的根本原因[82]。Batalden 和 Sydnes 采用人因分析与分类系统对英国海事事故调查部门调查的94 个事故进行了分析，从组织影响、不安全监管、不安全行为前提条件、不安全行为四个方面对事故原因进行了统计分析[83]。Akhtar 和 Utne 研究了船员的疲劳对船舶搁浅的影响，通过事故报告构建了疲劳的贝叶斯网络模型，对影响疲劳的风险因素进行了研究，指出船舶证书不足、船舶配员不足、效率压力、舵手监控不足等因素是影响船员疲劳的主要因素[84]。Goerlandt 和 Kujala 通过对现有定量风险分析文献的梳理，结合船舶碰撞的案例分析，指出了现有基于概率和指标的定量分析方法不具有有效性和可靠性，针对船舶碰撞风险的研究需要更有效的方法将船舶碰撞与碰撞风险联系起来[85]。Goerlandt 和 Montewka 梳理了风险分析科学中与风险的定义、风险观点和风险分析方法相关的文献及上述内容在船舶交通运输中运用的相关文献，指出现有研究对风险分析科学方法的认识不清晰，应用领域中风险分析原理存在较大差异[86]。Sotiralis 等构建了船舶碰撞的贝叶斯网络风险评估模型，分析人为因素在碰撞事故中的作用，通过敏感性分析指出身体疲劳、工作压力、认知疲劳等是主要的人为因素[87]。Zhang 和 Thai 回顾了贝叶斯网络在船舶事故风险评估中的运用，梳理了船舶事故中人为风险因素的分析方法[88]。Graziano 等运用一种人为差错识别工具，对认知误差进行回顾性分析和预测分析，用于对船舶搁浅和碰撞事故的分析，指出船舶碰撞主要是由航行任务失误造成的，而航行任务与决策紧密相关，决策受到组织程序、人员配置、个人特征、疲劳、训练不足等因素的影响[89]。Afenyo 等运用贝叶斯网络对北极航运中船舶与冰山碰撞的事故风险进行了分析，并通过敏感性分析指出导航设备电子故障、航行设备机械故障、人为通信错误、通信设备机械故障、软件故障等是影响船舶与冰山相撞的主要风险因素[90]。

(3)研究评述

综上所述，国内外学者对水上飞机起降安全进行了一定的探索，对船舶碰撞安全风险进行了广泛的研究，取得了一定的研究成果。已有的研究为水上飞机水上起降安全风险研究奠定了基础，然而现有研究也表现出了一定的不足：在水上飞机运行安全方面，现有研究主要从技术的角度研究了水上飞机性能的稳定性以及水上机场建设的安全问题，针对水上飞机起降安全风险的研究相对较薄弱。此外，水上飞机的起降安全风险并不会一成不变，而是随着时间或因素间的不同作用关系发生变化，研究水上飞机起降安全风险的动态变化具有重要意义。

1.2.3　安全风险演化机理相关研究

(1)安全风险演化理论的相关研究

目前，复杂网络理论、传播动力学理论及演化博弈理论被广泛运用于安全风险演化的研究之中。

①复杂网络理论

网络可以被用于描述自然界中的大量复杂系统，由节点及其连边组成。网络中的节点代表系统个体，边代表个体间的关系，当两个个体之间存在关联关系时连一条边，否则不连边，存在连边的两个节点是相邻的，例如人的神经系统可以看作由神经细胞和神经纤维组成的网络[91]。此外，计算机网络[92]、航空网络[93]、电力网络[94]、社会关系网络[95]、交通网络[96]等均具有类似特点。统计物理学中的统计力学、自组织理论、临界和相变理论、渗流理论等概念和方法均被用于复杂网络建模和计算[97]。在此，本书将网络的拓扑性质定义为网络不依赖于点的具体位置和边的具体形态就能表现出来的性质，相应的结构称为网络的拓扑结构[98]。

图论是复杂网络开展研究的基本工具，图论源于欧拉对七桥问题的研究，之后很长一段时间并未有对网络图的突破性研究，直到20 世纪 60 年代，Erdös 和 Rényi 提出的随机图理论(Random Graph Theory)为开创复杂网络理论在数学上的系统性研究奠定了基础[98]。在接下来的几十年中，Milgram 将随机图理论作为基本理论开展了实验研究，提出了"六度分离"假设，描述了人际关系的"小世界"特征[99]。然而随机图并不是真正意义上的复杂网络，学者们对复杂网络的研究始于 Watts 和 Strogatz[91]的小世界模型(WS 小世界网络模型)研究，接着 Newman 和 Watts 在 WS 小世界网络模型的基础上提出了 NW 小世界网络模型[100]。随后，Barabási 和 Albert 通过对万维网的研究揭示了复杂网络的无标度特征[101]。国内关于复杂网络的研究始于汪小帆发表在外文期刊上对国外研究成果回顾的一篇文章[102]。之后，吴金闪等对无向网络、有向网络及加权网络进行了综述，总结了规则网络、小世界网络、无标度网络的建模过程[103]。周涛等总结了复杂网络的研究概述，描述了小世界效应和无标度特性的统计特征[104]。近年来复杂网络在许多科学领域均得到了广泛的应用，并取得了可喜的成果，然而尚未形成对复杂网络的明确定义，科学家们将具有与规则网络和随机网络不同统计特征的网络称为复杂网络，钱学森将复杂网络定义为具有自组织、自相似、吸引子、小世界、无标度中部分或全部性质的网络的合称。学者们广泛接受了钱学森对复杂网络的定义。

②传播动力学理论

传播动力学是研究复杂网络中传播动力学行为及其控制方法的一个重要分支[105]。网络结构研究的最终目的是描述这些事物的传播过程、揭示其传播特性，进而寻求有效的控制方法。

迅速发展的复杂网络理论增进了人们对爆发大规模生物和计算机病毒流行以及谣言传播机制的认识。传统的理论认为只有当有效传染率超过一个正向阈值时，大规模传播才会发生。然而在实际网络中，即使有效传染率非常低，只要网络中有感染节点，就会在网络中爆发，这一理论与实际的矛盾困惑了科学家很长一段时间，直到 Pastor-Satorras 和 Vespignani 等的研究指出，当网络规模无限增加时，无标度网络的阈值趋于零，这意味着即使是很微小的传染率也能在庞大的网络中蔓延[106]。至此，人们才认识到早期研究文献无根据地认为网络拓扑结构不会影响病毒传染特性的假设是没有道理的。

传播动力学是一种定量研究传染病的理论方法，作为复杂网络传播动力学研究的基础，流行病传播的数学模型清晰地反映了复杂网络的传播特性。1760 年 Daniel Bernoulli 对天花的分析预示着传播模型的诞生。此后，科学家们为了探究各种流行疾病的传播行为，构建了各种流行病传播的数学模型，其中 SI 模型、SIS 模型和 SIR 模型最具代表性。1911 年，Ross 医生采用微分方程研究了疟疾在人和蚊子之间的传播行为，指出只要将蚊子的数量减少到一个临界值以下就可以控制疟疾的流行[107]。1927 年，

Kermack 和 McKendrick 在前人的基础上建立了传染病传播规律的"阈值定理"[108]。May 和 Lloyd 对无标度网络上传播行为有限尺度效应进行研究，指出 SIR 模型在有限规模的网络上存在正的非零传播阈值[109]。Eguiluz 和 Klemm 通过对 SIS 传染病模型的研究指出，高度的聚集性和度关联可以阻止病毒在网络上的传播[110]。Moreno 和 Boguna 等给出了 SIS 和 SIR 模型的传播阈值，并指出规模无穷大的无标度网络不存在正的临界值[111][112]。Barthelemy 等通过对 SI 模型中疾病爆发传播特性的研究指出，传播动力学结构具有层次性，病毒会最先感染网络中度大的节点，然后逐渐入侵至度很小的节点[113]。2010 年，Castellano 和 Pastor-Satorras 对 SIS 模型的研究指出传播阈值与网络的最大度成正比，与无标度特性无关[114]。

③演化博弈理论

博弈论(Game Theory)是一种用于研究斗争和竞争现象的数学理论和方法。1944 年，Neumann 和 Morgenstern 两位科学家撰写的《博弈论及经济行为》一书首次将数学方法引入博弈的研究，对博弈的基本概念进行了界定并提出了合作博弈模型，该研究为博弈论奠定了基础[115]。之后，美国数学家 Nash 探究了合作博弈与非合作博弈间的区别，创立了对后续博弈论的研究具有深远影响的纳什均衡理论[116][117]。以下四个要素构成了一个完整的博弈：博弈参与者、策略集合、博弈规则和收益函数、策略更新。

随着博弈论的发展，生态学家们为了更好地解释生态现象提出了演化博弈理论。该理论主要用于研究群体的演化行为，且该理论区别于以往的博弈论并不是基于个体完全理性的假设，也不要求信息的完全交互性，对预测个体策略学习过程的准确性较高，能作为研究种群行为的理论基础。1973 年，Maynard 和 Price 的研究首次提出了演化稳定策略的概念，预示着演化博弈理论的诞生[118]。此后，演化博弈理论得到了迅速发展。1978 年，生态学家 Taylor 和 Jonker 的研究将复制动力学作为演化博弈论的基本动态概念[119]。该动态概念的出现完善了演化博弈理论体系，明确了研究方向。演化稳定策略和复制动力学的产生，使得演化博弈理论在经济学、生物学、社会学等领域得到了广泛的应用。由于该理论比经典博弈论更能够准确预测个体行为，因此得到了越来越多学者的重视。

（2）安全风险演化模型运用的相关研究

学者们对风险演化进行了积极的探索，取得的成果主要集中在运用系统动力学、复杂网络理论、演化博弈等方法揭示航空安全、交通运输安全、企业生产安全等领域的演化规律。

①航空安全风险演化的研究

罗帆和刘堂卿从人、机、环、管四个方面对影响空中交通安全的风险因素进行分析，根据近十年的空管不安全事件，结合 N-K 模型分别计算了单因素耦合、多因素耦合发生的概率及风险值，对空管安全风险状态进行了评估[120]。许红军和田俊改在对通用航空安全体系自组织理论分析的基础上，探究了通用航空安全体系自组织生成模式的前提条件和动因，构建了通用航空安全体系自组织演化动力学模型，揭示了其内外部动力因素相互作用的方式和过程，结合实际提出了针对我国通用航空安全管理体系建设的建议[121]。Luo 和 Hu 提出了基于事件序列图的系统风险演化分析方法，并结合蒙特卡洛方法对航空器进入结冰区域的事故情景进行了分析[122]。赵贤利和罗帆采用复杂网络理论构建了机场飞行区的风险演化拓扑结构模型，并采用数学模型进行了分析，指出飞行区安全管理漏洞、员工安全培训缺乏、地面工作人员安全意识缺乏及违规操作、恶劣天气是风险演化模型的关键节点[123]。Zhao 和 Luo 构建了基于系统动力学的跑道侵入风险演化模型，仿真结果表明在经过一个峰值后跑道入侵风险值趋于稳定[124]。Gonçalves 和 Correia 提出了一种基于安全事件的标准来获取机场跑道安全性全球指数的方法，采用多属性价值理论对全球指数中的不同标准进行分组，以分析安全水平的演化规律[125]。Picchiani 等运用神经网络算法监测了对飞机具有危害的火山喷发产生火山灰的演化过程[126]。赵贤利和

17

罗帆构建了基于机场、航空公司与行业政府三方的跑道侵入风险演化博弈模型，运用系统动力学对概率突变的情景和动态监管策略情景的博弈过程进行了仿真分析[127]。Lu 等人运用系统动力学模型分析了混合翼型机型飞机配置子量程示范器飞行测试中安全事故的演化过程，揭示了事故中技术、组织和人的因果关系及相互作用机制[128]。唐辛欣和罗帆构建了基于 SEIRS 传染病模型的机场飞行区人为风险传染过程模型，用于分析风险演化的规律及传染过程，为制定风险管控对策提供依据[129]。黄宝军等采用危险分析技术法识别了跑道侵入事故中的危险源，构建了包括飞行员 agent、管事员 agent、环境 agent 的跑道侵入事故的多 agent 模型框架，采用 LEADSTO 对跑道侵入风险进行仿真分析，探究了事故发生过程中各要素的行为与交互关系随时间演化的动态过程[130]。Patriarca 等采用蒙特卡洛模拟方法对传统的功能共振分析方法进行改进，分析了空管系统中人和组织结构在日常和异常情况下的相互作用和耦合机理[131]。Zhao 提出了基于复杂网络的机场跑道风险演化数学模型和风险演化拓扑模型，认为安全管理体系脆弱性、缺乏人员安全培训、缺乏地面人员安全意识和违规操作、恶劣天气是机场跑道安全风险演化模型的关键节点[132]。王岩韬等在航空安全统计数据的基础上，综合运用 N-K 模型和耦合度模型分别从地面和空中两个阶段分析了影响航班运行安全风险因素间的耦合情况，指出了每个阶段的主要风险因素[133]。

②交通运输安全风险演化的研究

齐迹等从系统论的角度出发，通过对突变理论在海上交通安全系统中的应用及海上交通安全系统状态分析，构建了海上交通安全系统尖点突变模型，分析了系统在不同状态间的演化模式及其应用，基于系统演化模式提出了海上交通风险预控模型[134]。王杰等运用复杂网络理论分析指出海运网络具有无标度网络特性，基于 BA 无标度网络模型构建了海运网络演化模型，通过加权量化和 MATLAB 编程引入连接概率公式改进 BA 模型，运用改进后的模型对不同规模海运网络演化情况进行分析，验证了海运复杂网络具有无标度网络的特征[135]。刘清和王冠雄从航道状况、交通状况、水文气象、航道支持度四个方面构建了复杂水域船舶通航安全风险因子体系框架，并对风险因素间的耦合特性进行了分析，基于 N-K 模型构建了复杂水域船舶通航安全风险耦合模型，计算了多因素风险耦合发生的概率及风险值[136]。胡其平等从船员的不安全行为、船舶的不安全状态、环境的不安全条件三个方面分析了船舶海上交通系统风险成因耦合机理，采用云模型对海上交通系统风险成因耦合作用进行仿真分析，通过算例分析上述三个不安全因素对海上交通系统风险的影响，结果表明任意两个因素耦合作用的大小不相同，多因素耦合是海上交通系统风险形成的结构性机理[137]。Zhu 和 Luo 采用复杂网络讨论了广州地铁网络中期规划的复杂性，通过引入六个典型的复杂网络统计参数，系统地分析了参数的演化情况，结果表明径向网络发展可能会降低客运效率，给转运站带来巨大压力[138]。刘清等在因果关系分析的基础上，构建了三峡坝区船舶通航风险的系统动力学演化模型，指出通航监管能够有效降低因能见度、船员操作精确度、船舶设备故障等因素带来的风险[139]。黄文成等从人、机、环、管四个方面研究了道路危险品运输系统风险耦合作用，利用熵权法计算系统的耦合协调度，实例分析结果表明，双因素耦合和四因素耦合处于中等耦合状态、三因素耦合处于强耦合状态，且耦合作用越强越容易导致道路危险品运输事故，且上半年的耦合协调度值高于下半年[140]。吴海涛和罗霞在对地铁运营事故分析的基础上结合案例分析和专家访谈，识别了影响地铁营运的风险因素及其作用关系，运用解释结构模型分析地铁运营风险的演化路径，采用模糊认知图方法计算风险因素权重，对地铁运营的五种事故类型综合分析，得到主要风险因素的排序为：信号设施故障、车辆故障、通信设施故障、违章操作、电器设施故障[141]。Baalisampang 等指出海上交通事故通常是由多个因素间复杂的交互作用造成的，通过对 1990—2015 年的海上运输行业的火灾和爆炸事故的详细分析，运用故障树识别出了导致这些事故的根本原因，指出人为失误、机械故障、热反应、电气故障等是引发事故的主要原因，分析了人为因素与其他因素的交互作用关系，提出了预防事故的措施[142]。张阳等从人、机、环境、管理、货物五个方面构建了水上货物运输风险指标体系，结合风险演化理论，构建基于系统动力学的水上货物运输风险演化模型，并通过层次分析法、信息熵法、最小二乘法对风险进行量化分析，揭示了系统风险随时间的变化规律[143]。

③企业生产安全风险演化的研究

王勇胜和冷亚军在对集群现象和群风险分析的基础上，构建了基于贝叶斯网络推理技术的项目群风险演化定量分析模型[144]。陈菲琼和黄义良在对组织文化差异与海外并购风险之间的关系、组织文化类型、组织文化适应模式及公司间相互学习等要素分析的基础上，揭示了企业海外并购中风险演化的机理[145]。邵伟等以上海市仙霞西路隧道地下穿越虹桥机场绕滑道工程为例，分析了规划设计、施工、运营阶段的风险因素及其关联性，基于风险演化的概念分析了各阶段中风险演化的规律[146]。游鹏飞对地铁隧道施工风险机理进行研究，将其分为风险产生机理、风险发展机理、风险演化机理三个阶段，并将耗散结构理论引入地铁隧道施工风险机理分析，从上述三个阶段对塌方风险形成过程进行分析[147]。慕静和毛金月在对供应链网络中存在的道德风险分析的基础上，利用演化博弈和系统动力学理论分别构建供应链网络同级企业间、供应链上下游企业间的道德风险演化博弈模型，并对模型进行仿真分析[148]。赵怡晴等构建了尾矿库隐患关联复杂网络拓扑结构和风险演化模型，并通过案例应用验证了模型的有效性[149]。李治国在系统论、项目生命周期理论、预警管理理论的基础上，提出了海上石油开发项目的风险演化系统动力学模型，指出项目开发初期以及中期是风险防控的重点时期[150]。江新等从施工技术、施工作业、项目群自身和施工组织管理四个方面构建了项目施工风险评价指标体系，运用层次分析法确定各指标权重，通过对施工风险的描述，构建了基于系统动力学的工程项目群施工风险的演化模型，用于确定风险控制的最佳时间和分析风险的演化过程，并通过实例验证了模型的可行性[151]。江新和吴园莉从现场管理、机械设备、施工人员、作业环境四个方面分析了水电工程项目群交叉作业风险因素，并构建了基于系统动力学的风险演化模型，运用于工程案例分析，结果表明项目开工后的前四个月现场管理和施工人员风险急剧增加，5~24个月处于波动下降状态；机械设备风险经过12个月的积累从第13个月开始上升至必须重视的状态；环境状况和人员素质是水电工程项目群交叉作业的主要风险影响因素[152]。陈国华等人在利用风险熵理论对化工园区系统风险状态进行分析的基础上，运用尖点突变理论建立化工园区熵突变模型用于判断事故风险状态，并通过实例证明了该方法的适用性[153]。Dallat等系统地回顾了与风险评估方法相关的文献，并指出现有的方法都只关注了主要的风险，却忽视了其他方面的风险因素的影响[154]。孟祥坤等在对海底管道系统泄漏事故特征分析的基础上，构建了泄漏风险的演化网络模型[155]。覃璇等通过对尾矿库生命周期阶段中技术、人为、环境和管理等因素的识别，构建了尾矿库事故风险演化的复杂网络模型[156]。张媛媛和杨凯从尾矿库溃坝的生命周期理论入手，运用系统动力学分析了尾矿库溃坝不同生命周期阶段的风险演化过程[157]。江新等通过系统动力学、误差反向传播神经网络和平均影响值算法分析了影响因素间的因果关系，进而构建了地铁隧道施工风险演化的BP-SD模型[158]。许树生和邓娇娇采用扎根理论分析了城市地下工程核心安全风险驱动因素，提出了城市地下工程核心安全风险演化的概念模型，指出组织因素、技术因素、主体因素是驱动核心安全风险演化的主要因素[159]。刘秦南等在对影响PPP项目运营风险的因素识别的基础上，运用系统动力学构建了PPP项目运营风险的系统流图，并通过熵值法确定了变量间的函数关系，构建了PPP项目运营风险演化模型，仿真模拟了PPP项目在运营阶段中各风险指标熵值的变化趋势[160]。Zhang等人采用动态贝叶斯网络对海上油气田钻井风险进行定量评估和动态演化分析，并采用多个案例验证了该方法的可行性[161]。Encarnação 等从演化博弈的视角,分析了激励机制对全面采用电动汽车的战略选择的影响[162]。Ahmad 等通过文献回顾了解了现有项目风险管理的情况,指出建筑信息模型在给建筑行业带来便利的同时也带来了一定的风险,通过对国际专家和从业人员的访谈,结合问卷调查和正在运行项目的案例获取数据用于观察建筑信息模型驱动的风险转移情况,结果显示建筑信息模型能消除大部分重大风险。然而,缺乏风险管理的专用建筑信息模型插件,基于此作者提出了一个风险管理流程自动化的理论框架[163]。王玲俊和王英以自组织理论为基础,构建了光伏产业链复杂网络系统,分析了耗散结构形成的条件[164]。

(3) 研究评述

综上所述,风险演化理论的研究相对较成熟,为开展本研究奠定了理论基础。国内外学者在航空安全、交通运输安全、企业生产安全风险演化等领域取得了较丰富的成果,为本研究的开展奠定了一定的基础,然而现有研究仍存在一定的不足。第一,在研究对象方面,现有研究成果主要集中在运输航空安全方面,缺乏针对通用航空安全风险演化的研究,针对水上飞机风险演化的研究更少;第二,研究内容方面,现有关于航空安全的研究主要是从事故分析的角度进行研究,只有少数学者从风险的角度分析了航空安全风险的演化过程,开展水上飞机起降安全风险演化机理的研究能够丰富风险演化的相关研究,为水上飞机起降安全管理提供理论依据;第三,在研究方法方面,现有研究成果主要集中在系统动力学、复杂网络、演化博弈等方面,在构建演化模型时风险因素间因果关系和模型参数的确定往往是通过主观确定,缺少一定的客观依据,本研究通过对影响水上飞机起降安全风险因子作用机理的分析,明确风险因素间的因果关系和相互作用系数大小并将其代入演化模型,一定程度上克服了主观影响。

1.3 研究内容和研究方法

1.3.1 研究内容

本书基于风险管理理论、风险致因理论、复杂系统理论和风险演化理论，按照风险因素的识别、风险因素作用机理分析、风险演化机理分析、风险传染机理分析、监管演化博弈策略分析的思路，探讨了水上飞机起降安全风险演化机理。全书共包括九个部分，具体研究内容如下：

第一部分阐述了本书的研究背景、研究目的及研究意义，梳理了与运输航空起飞和进近安全风险、通用航空安全风险、水上飞机运行安全风险、风险演化机理相关的国内外研究综述，明确了本书的研究内容和研究方法。

第二部分梳理相关概念和研究的理论基础。界定风险、水上飞机起降安全风险演化的相关概念，梳理了风险管理、风险致因及复杂网络等相关理论。

第三部分首先分析水上飞机起降的特征及风险类别，接着对风险识别方法进行对比，选择扎根理论作为本研究的风险识别方法，然后采用扎根理论的开放性编码、主轴性编码及选择性编码识别水上飞机起降安全的风险因素，最后得到风险因素的概念模型，并对其理论饱和性进行验证。

第四部分在风险识别的基础上，构建水上飞机起降安全风险指标体系，采用贝叶斯网络模型构建水上飞机起降安全风险评价模型，根据诊断推理和敏感性分析，识别影响水上飞机起降安全关键风险因素。

第五部分在风险因素概念模型的基础上设计调查问卷，采用因子分析对风险因素进行筛选，采用结构方程模型分析风险因素对水上飞机起降安全风险的路径系数，探究了风险因素间的作用机理。

第六部分在对水上飞机起降安全风险网络特征分析的基础上，构建了水上飞机起降安全风险的无标度网络拓扑结构，以部分子网络作为算例分析了网络不同度量指标下的关键风险因素排序，验证网络的无标度特性，仿真分析了网络的结构鲁棒性和性能鲁棒性，识别了网络的关键风险因素，提出了断链控制策略；采用链路预测方法预测了网络中边的演化结果。

第七部分在对水上飞机起降安全风险传染延迟效应分析的基础上，构建对 SEIRS 改进后的风险传染延迟模型（D-SEIRS），仿真分析了模型的传染规律，提出了水上飞机起降安全风险传播的针对性控制策略。

第八部分首先分析水上飞机起降安全监管的特征，接着构建基于复杂网络的监管演化博弈模型，仿真分析模型中的参数对网络博弈合作行为的影响机制，根据仿真结果制定水上飞机起降安全风险监管策略。

第九部分总结全书的主要研究结论，归纳创新点，基于本书的不足提出对未来研究的展望。

1.3.2　研究方法

综合运用复杂系统科学、安全科学、管理学等多学科理论进行水上飞机起降安全风险演化机理研究。水上飞机起降安全风险因素的识别采用个别访谈法、文献研究法、案例分析法及扎根理论；水上飞机起降安全风险评价采用贝叶斯网络模型、德尔菲法、访谈法、统计分析法。水上飞机起降安全风险主导因子分析采用相关分析和主成分分析法；水上飞机起降安全风险因素间作用机理的研究采用问卷调查法、相关分析、主成分分析及结构方程模型；水上飞机起降安全风险演化机理的探究采用数理建模法分别构建复杂网络演化动力学模型、传播动力学模型及演化博弈动力学模型，运用数值仿真法分析起降安全风险的演化机理。主要研究方法如下：

(1) 扎根理论

通过文献调查和实地调研明确国内外研究现状及研究问题，通过归纳推理提出了本书的研究目的。通过整理分类分析水上飞机起降安全的事故报告，在此基础上，结合扎根理论和个人访谈，全面地识别影响水上飞机起降安全的风险因素，并构建风险因素的概念模型。

（2）贝叶斯网络模型

在风险识别的基础上，结合统计分析和访谈，构建水上飞机起降安全风险指标体系，采用德尔菲法对指标进行筛选，进而采用贝叶斯网络模型构建水上飞机起降安全风险评价模型，识别影响水上飞机起降安全关键风险因素。

（3）实证研究法

本书在定性分析结果的基础上，通过问卷调查的方式获取水上飞机起降安全风险因素的相关数据，在此基础上采用 SPSS 的主成分分析和相关分析对两栖水上飞机起降安全风险因素进行筛选，采用 AMOS 软件的验证性分析探究了风险因素间的作用路径，揭示水上飞机起降安全风险因素间的作用机理。

（4）复杂科学方法

本书对水上飞机起降安全风险演化的研究以复杂网络理论、风险演化理论、传播动力学理论、演化博弈理论等为基础。首先采用复杂网络理论对起降安全风险演化网络建模，采用 Pajek 软件对网络的结构进行模拟，分析网络的参数特征，采用链路预测方法分析了网络中边的演化过程；其次，结合复杂网络理论和传播动力学理论构建水上飞机起降安全风险的传染病模型，运用 Matlab 软件对风险的传染过程进行仿真模拟；最后，结合复杂网络理论和演化博弈理论对水上飞机起降安全监管的博弈动力学建模，采用 Matlab 软件模拟仿真水上飞机起降安全监管的博弈动力学过程进行。

本书的技术路线如图 1-1 所示。

25

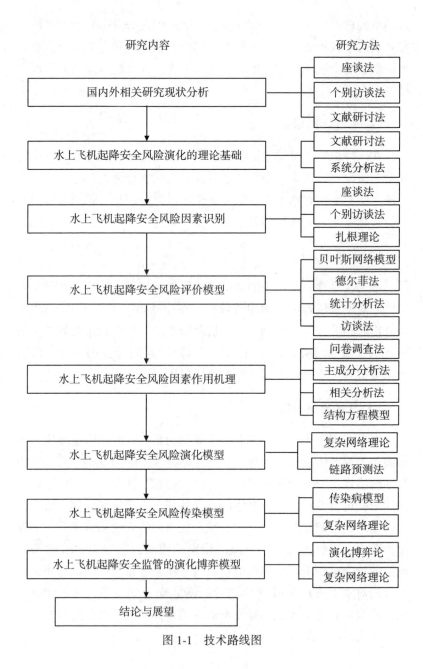

图 1-1 技术路线图

第 2 章　相关概念及理论基础

2.1　水上飞机起降安全风险概念的界定

2.1.1　风险的概念

由于不同风险运用领域所涵盖的内容会有所差异，因此目前对风险概念的解释尚未形成统一的观点，均是从各自的研究视角对风险进行界定。《牛津词典》中风险被定义为遭遇危险、遭到损失或伤害的可能性或机会。而在《辞海》中风险又被解释为人们在生产建设和日常生活中遭遇能导致人身伤害、财产和经济损失的自然灾害、意外事故和其他不测事件的可能性。美国学者 Wallet 的研究将风险定义为人们不愿意发生的不确定性的客观体现，体现了风险的客观性和不确定性。1921 年，Knight 的研究认为风险是由不确定性因素造成的损失，是一种事后的影响[165]。Royal 将风险定义为特定不良事件在规定时间内发生或由特定挑战引起的概率，风险作为统计理论意义上的概率，服从各种形式的概率组合规律[166]。Mitchell 在 Royal 的研究上将风险定义为损失的可能性及损失对组织或个人的重要性[167]。国际标准化组织将风险定义为在一定条件下的某一特定时期，不确定性使结果产生的变化[168]。Soren 的研究指出风险是事故发生的可能性与其后果的组合[169]。

综上所述，学者们对风险的定义主要涵盖风险的客观性、不确定性、可能性及损失四个方面，本书在已有研究的基础上将风险定义为不确定事件发生的可能性和造成损失严重性的组合。

2.1.2　安全的定义

近年来，民航业的快速发展使得全球民航安全问题成为学术界关注的焦点，明确安全的定义对提高安全管理水平至关重要。刘跃进在其《国家安全学》一书中对安全进行了界定，即通过不断的风险识别和管理，降低会造成人员伤害和财产损失的风险，使其处于可以接受的范围内[170]。我国《职业健康安全管理体系规范》[171]将安全定义为免除不可接受损失风险的状态。在安全管理体系(SMS)中安全被定义为将风险控制在可控的范围内，降低会造成人员伤害和财产损失风险的状态。

由此可知，安全是一个相对的概念，当风险降低到人们可接受的范围时，才是一种安全状态。本书综合已有研究，将安全定义为通过风险管理手段将造成人员伤害和财产损失的风险降低到可接受范围的一种状态。

2.1.3　水上飞机起降安全风险的界定

(1)水上飞机的界定

水上飞机是指能在水面上起飞、降落和停泊的飞机，分为浮筒型、船身型和水陆两栖型，同时也能在陆上机场起飞降落的，称为两栖飞机[56]。欧洲航空安全委员会条例[172]对两栖水上飞机的定义为既能在水上起降又能在陆上起降的固定翼航空器，分为船身式和浮筒式，为了保证陆上起降的需要在船身和浮筒上安装了陆上起降所需的起落架，当在水上起降时起落架处于"收"的状态，当在陆上起降时起落架处于"放"的状态。水上飞机在水面滑行时是船，在天空飞行时又是飞机[173]。两栖水上飞机除了可以在水面滑行、天空飞行外还能在地面上滑行，当其在地面滑行时与一般的固定翼通用小飞机没有差异，两栖水上飞机的这种独特性，使其受到了通航企业的青睐。本书采用现有水上飞机的定义。

（2）水上飞机起降安全风险的界定

起降是起飞和降落的合称，水上飞机起降是指水上飞机在水面滑行、跑道加速、空中上升或下降的过程。由于水上飞机的起降过程都是通过飞行员目视飞行自主完成的，且需要进行的操作及基本过程类似，因此本书将起飞和降落合在一起进行研究。结合前文对风险和安全定义，本书将水上飞机起降安全风险定义为，水上飞机在起降的过程中发生风险事件的可能性及后果严重性的组合。

2.2 风险演化机理概念的界定

演化的概念源于生物学，描述的是生物在不同世代所具差异的现象，解释这些现象的各种理论称为演化理论。机理是事物发展的一种内在规律。风险演化的概念源于经济学，演化经济学经历了一百年的探索期，主要分为三个阶段：萌芽阶段、旧演化经济阶段和当代演化经济学阶段[174]。Hayek 指出选择是具有多层次性的，主体具有生理遗传选择、智力和知识在演进时的选择以及文化方面的演化等[175]。Fisher 基于生物进化的理论和思想构建了仿真模型，并运用分布中的群体动差理论阐释了演化的变迁规律[176]。Witt 将演化理论分成了事前和事后显露分析[177]。学者们对风险演化机理的概念进行了界定，Gould 的研究指出风险演化是指在短时间内系统通过快速变化使风险增大的现象[178]。赵贤利认为风险演化机理是一种系统内在的相互作用关系和运行原理，包括风险因子识别、演化阶段、演化网络、演化动力学以及演化博弈等内容[179]。

本书将风险演化机理界定为系统风险随着时间的推移及风险因素间的相互作用，其趋势发生变化的内在作用规律。本书中风险演化的内容主要包括：第一，风险因素间的作用机理，风险因素间的相互作用会导致起降安全风险增加；第二，基于复杂网络的风险演

29

化机理，即复杂网络上风险因素间通过相互作用或产生新的连接关系导致起降安全风险在短期内发生变化，在长期内产生演化；第三，风险传染机理，复杂网络上风险因素间的作用关系为风险的传染提供了途径，当达到一定条件时，风险会在整个网络中扩散；第四，演化博弈机理，复杂网络上的通航企业个体对水上飞机起降安全监管的策略会随着与其他企业博弈次数的增加而不断地调整，在长期内会形成平衡策略。

2.3 水上飞机起降安全风险演化的理论基础

2.3.1 风险管理理论

风险管理始于 20 世纪 30 年代的美国保险业，随后学者们纷纷对其进行了研究和改进。风险管理可以分为多个过程，学者们对其划分并未形成统一的意见，部分学者对风险管理过程划分的结果如表 2-1 所示。

由表 2-1 可知，风险管理过程的划分方式存在一定的差异，但风险识别、风险分析、风险评估、风险应对是比较关键的过程，因此本书将风险管理的过程划分为这四个方面。其中，风险识别是风险管理的第一步，主要是通过风险识别技术对各种风险因素进行系统的预测和归纳，该阶段可以通过头脑风暴、问卷调查、德尔菲法、流程图法、检查表法、扎根理论等方法实现；风险分析是风险管理中的一个中间环节，主要是分析识别阶段风险因素产生的原因及其可能带来的后果，明确风险因素的重要性排序及风险的演化情况，该阶段可以通过聚类分析、系统动力学、复杂网络、结构方程模型、层次分析法、其他定性分析等方法实现；风险评估是对上一阶段主要风险因素引起的风险可能性及严重性的综合评价，能得到风险的整体水平，可以采用风险矩阵、模糊综合评价法、贝叶斯网络等方法实现；风险控制是风险管理的一个很重要的过程，该阶段会根据风险评估的结果制定针对性的风险应对措施，从而形成策略库，可以通过风险规避、风险转移等手段将风险控制在可接受范围内。

表 2-1　　　　　　　　　　风险管理过程划分

标准、组织或学者	风险管理的过程
ISO 31000：2009[180]	沟通与咨询、建立环境、风险评估(风险识别、分析、评价)、风险应对、监测与评审、记录风险管理过程
中国风险管理国家标准 GB/T 24353—2009《风险管理原则与实施指南》[181]	明确环境信息、风险评估(风险识别、分析、评价)、风险应对、监督与检查
国际项目管理协会[182]	风险识别、风险分类、风险量化、风险应对、风险控制
Pickett[183]	设定风险管理目标、风险识别、风险评估、风险应对
Hallikas[184]	风险识别、风险评估、风险应对、风险控制
Sabovic 等[185]	风险评估(风险识别、风险概率评估、风险影响评估)、风险控制(风险措施制定、风险责任归属)
何文炯[186]	风险识别、风险衡量、风险处理、风险管理效果与评价
任旭[187]	风险分析(风险识别、估计、评价)、风险处置(风险决策、应对、控制)

2.3.2　风险致因理论

Schuchmann、Heinrich、Edwards、Surry、Anderson、Firenze、Shappell、Wiegmann 等学者的风险致因理论为航空安全风险的研究

奠定了基础，其中 SHEL 模型、Reason 模型、人为因素分析和分类系统因其具有普适性而得到广泛应用。

（1）SHEL 模型

1972 年，Edwards 教授提出了 SHEL 模型用于研究人的差错。1988 年，Edwards 将 SHEL 模型推广应用于航空安全人为因素领域[1]。SHELL 模型将复杂系统的影响因素分为，人员因素（Live），设备设施因素（Hardware），环境因素（Environment），管理因素（Software），且人员因素处于系统的中心位置。该模型认为薄弱环节存在于人—机—环—管因素间相互作用的过程中，且与处于中心位置人员因素相互作用的过程最突出。

（2）Reason 模型

1990 年，Reason 发现导致事故的原因往往是一系列因素共同作用的结果，系统的多层保护屏障会层层失效进而产生事故，依据此出版的 *Human Error* 一书中，Reason 模型首次被提出[2]。Reason 模型是国际民航组织调查航空事故常用的模型之一。该模型指出事故致因因素会随着时间不断演化，只有当自身存在的反应链和组织不同层面的薄弱环节同时产生效应时，才会导致不安全事件产生。Reason 模型中提出的演化概念对分析航空事故人为因素具有优势。

（3）人为因素分析和分类系统（HFACS）

2000 年，Shappell 和 Wiegmann 将人为因素分析和分类系统运用于民航人为差错分析[3]。HFACS 分析系统是基于里森的事故致因模型而提出的，主要用于分析安全事故中的人为因素。经过大量的案例检验，证明该系统分析方法在分析安全事故的人为原因及原因分类方面具有优势。HFACS 系统分析框架同时考虑了人的不安全行为及其背后的潜在因素，能提高事故调查的深度和全面性，不仅可以达到预防事故的目的，还可以为管理者提供决策支持，目前在很多领域得到了广泛的应用。

2.3.3 复杂网络理论

（1）复杂网络拓扑结构及测度

①复杂网络的特征

a. 复杂性。

复杂网络从其字面意思可知其具有复杂性，主要表现在复杂网络是由许多节点及节点间错综复杂的关系组成，且各个节点本身可以是各种非线性系统，节点具有多样性，节点之间的连接既不是完全规则也不是完全随机，由此可知复杂网络的复杂性表现在网络的规模较大、节点的多样以及节点间连接结构的复杂等方面。此外，复杂性还表现在网络的时空演化过程复杂。

b. 小世界特性。

Milgram 的"六度分离"实验表明在社会关系网络中，平均中间只需要通过 5 个人，即只需要 6 个连接关系，你与地球上任何角落的一个人之间就能建立某种联系[99]。该实验的结果揭示了复杂网络的小世界特性，却一直未得到严格证明，直到 Watts 和 Strogatz[91] 提出小世界网络模型，复杂网络的小世界特性才被重视。小世界特性表现在尽管网络规模很大，但都有一条相对短的路径将任意两点连接起来。

c. 无标度特性。

Barabási 和 Albert 于 1999 年发表的一篇文章中提出了复杂网络的无标度特性，并将节点度的幂律分布称为无标度特性[101]。无标度特性是度分布不均匀性的一种体现，具体表现为：少数节点是"中心节点"，有很多与之相连的节点，而大多数节点只有很少与之相连。

②相关参数

复杂网络可以用图 $G = (V, E)$ 来表示，其中 V 表示节点的集合 $V = \{v_i, i \in N\}$，E 表示边的集合 $E = \{e_{ij}, i \neq j, i, j \in N\}$，$N$ 为网络节点数，E 中每条边都对应 V 中的一对点。如果任意点对 (i, j) 与 (j, i) 的连边不存在方向性，即对应同一条边，则该网络为无向网络，否则为有向网络；每条边都具有权值的网络称为加权网络，边不具有权值的网络称为无权网络，无权网络也可以被作为一种将每条边赋权值为1的特殊加权网络。节点之间的关系可以通过矩阵的形式表示如下：

$$
B_{G(V,\ E)} = \begin{vmatrix} 0 & e_{12} & \cdots & e_{1N} \\ e_{21} & 0 & \cdots & e_{2N} \\ \cdots & \cdots & 0 & \cdots \\ e_{N1} & e_{N2} & \cdots & 0 \end{vmatrix} \tag{2-1}
$$

a. 度及度分布。

节点的度表示与该节点连接的边数，分为入度和出度两种，节点的度越大则该节点越重要。当节点 v_i 与 v_j 有关联时，$e_{ij}(i \neq j)$ 的取值为1，否则为0。通过计算 v_i 所在矩阵 $B_{G(V,\ E)}$ 第 i 行所有元素之和可以得到节点 v_i 的度。

度分布(Degree Distribution)是指网络中度为 k 的节点在整个网络中所占的比例，用 $P(k)$ 来表示。

b. 平均路径长度。

节点之间的距离 d_{ij} 是指，连接网络中任意两个节点 v_i 与 v_j 最短路径上的边数，当 v_i 与 v_j 之间没有路径连接时，$d_{ij} = \infty$。网络的平均路径长度 L 指任意两个节点之间距离的平均值，即：

$$
L = \frac{1}{C_N^2} \sum_{1 \leqslant i < j \leqslant N} d_{ij} \tag{2-2}
$$

c. 聚类系数。

在我们的社交网络中，你的两个朋友很可能彼此也是朋友的属性称为聚类特性。聚类系数反映的是节点之间的关联程度，可表示为：

$$
C_i = \frac{E_i}{C_{k_i}^2} \tag{2-3}
$$

其中，E_i 表示某个节点邻居节点间存在的实际边数，$C_{k_i}^2$ 表示这些邻居节点间最多可能的边数。则整个网络的聚类系数 C 可表示为：

$$C = \frac{1}{N}\sum_{i=1}^{N} C_i \qquad (2\text{-}4)$$

由此可知，$C \in [0, 1]$。当所有的节点间均没有连接边时，$C = 0$；当网络中的任意两个节点都直接相连时，$C = 1$。

③其他参数

a. 介数。

介数是在网络中起着重要作用的一种全局几何量，分为节点介数和边介数，主要反映节点和边在整个网络中的重要性。本书主要涉及的是节点的介数，因此对边的介数未进行详细介绍。

假设 v_j 和 v_l 两个节点在网络中不相邻，则这两个节点之间的最短路径会经过其他节点，若节点 v_i 被其他许多最短路径经过，则说明该节点在网络中很重要，用该节点的介数来表征为：

$$B_i = \sum_{\substack{1 \le j < l \le N \\ j \ne i \ne l}} \left[n_{jl}(i)/n_{jl} \right] \qquad (2\text{-}5)$$

式(2-5)中，n_{jl} 反映的是节点 v_j 和 v_l 之间最短路径的总数，$n_{jl}(i)$ 代表经过节点 v_i 的最短路径条数，N 指网络中的节点数。

b. 接近度中心性。

接近度中心性(Closeness Centrality)是一个用于衡量节点中心程度的全局几何量。其表达式为：

$$C_c(v_i) = \frac{N-1}{\sum d_{ij}} \qquad (2\text{-}6)$$

式(2-6)中，d_{ij} 在前文中定义为节点 v_i 和 v_j 之间的距离，N 指网络中的节点总数。

c. 网络全局效率。

网络全局效率是一个整体概念，指在整个网络中所有节点对之间最短路径长度的倒数之和的平均值，用于反映物资、信息、能量在网络中的传播速度。在本研究中网络的全局效率反映的是网络中风险的演化速度。网络全局效率 E_{glob} 的计算公式如下：

$$E_{glob} = \frac{1}{N(N-1)}\sum_{i \ne j} \frac{1}{d_{ij}} \qquad (2\text{-}7)$$

（2）复杂网络的演化动力学

①随机网络模型

网络是节点和连接边的组合，当节点按照规则的方式连接时得到的网络称为规则网络；当节点按照随机的方式连接时得到的网络称为随机网络。Erdös 和 Rényi 首次提出了随机网络模型（简称 ER 模型）的概念。复杂网络的研究有很长一段时间都是由随机网络模型主导，因为很多具有复杂拓扑结构的大规模网络都体现出了随机性的特点。然而，随机网络在真实网络中表现出了一定的不适用。随机网络的构成有两种形式：ER 模型和二项式模型。

随机网络中节点的度分布满足 Poisson 分布，比平均数高很多或低很多的边比较罕见。在连接概率为 p 的 ER 随机网络中，其平均度为：

$$\langle k \rangle = p(N-1) \approx pN \tag{2-8}$$

节点 v_i 的度为 k 的概率满足 $N-1$ 和 p 的二项分布：

$$p(k_i = k) = C_{N-1}^k p^k (1-p)^{N-1-k} \tag{2-9}$$

网络的直径表示所有节点对之间的最大距离，当网络不连通时直径为无穷大。在随机网络中，对于大部分 p 值，绝大多数网络有同样的直径，说明其网络的直径变化幅度小，可表示为：

$$D = \frac{\ln N}{\ln \langle k \rangle} \approx \frac{\ln N}{\ln(pN)} \tag{2-10}$$

令 ER 随机网络的平均路径长度为 L_{ER}，在 ER 随机网络中随机选取一个点，则网络中约有 $\langle k \rangle L_{ER}$ 个其他的点与该点之间的距离接近 L_{ER}，故 $N \propto \langle k \rangle^{L_{ER}}$，$L_{ER} \propto \ln N / \ln \langle k \rangle$。网络的平均路径长度表现出了典型的小世界特性，即大规模的随机网络具有很小的平均路径长度。

ER 随机网络中的两个节点间连接概率为 p，则 ER 随机网络的平均聚类系数为：

$$C_{ER} = \langle k \rangle / (N-1) \approx \langle k \rangle / N = p \ll 1 \tag{2-11}$$

由此可知，大规模的 ER 随机网络的聚类特征不明显，与实际复杂网络聚类系数较大存在差异。

②小世界网络模型

学者们将平均路径短且聚类系数高的网络称为小世界网络，1998 年，Watts 和 Strogatz 提出了小世界网络模型（简称 WS 网络模型），该模型介于规则网络和随机网络之间，能够更好地反映真实网络的特性。Watts 和 Strogatz 从规则图着手构造 WS 小世界网络模型，首先构造一个含有 N 个点的环形邻耦合模型，每个节点的度均为 K（K 是偶数）；接着，采用概率 p 随机重连规则图中的每条边，任意两个不同节点之间最多只连一条边。当 $p = 0$ 时对应的是完全规则网络，当 $p = 1$ 时是完全随机网络，改变 p 值可以控制网络的变化。随后，Newman 和 Watts 在 WS 小世界网络模型的基础上提出了 NW 小世界网络模型。

WS 小世界网络模型的聚类系数是概率 p 的函数表示为：

$$C_{WS}(p) = \frac{3(K - 2)}{4(K - 1)}(1 - p)^3 \qquad (2\text{-}12)$$

Newman 于 2002 年发表在 *Computer Physics Communication* 上的一篇文章证明了 NW 小世界网络的平均聚类系数为：

$$C_{NW}(p) = \frac{3(K - 2)}{4(K - 1) + 4Kp(p + 2)} \qquad (2\text{-}13)$$

目前尚没有形成关于 WS 小世界网络模型平均路径长度的精确表达公式，Newman 和 Watts 给出了如下的计算表达式：

$$L_{WS}(p) = \frac{2N}{K}f(NKp/2) \qquad (2\text{-}14)$$

式中 $f(u)$ 为普适标度函数，满足以下条件：

$$f(u) = \begin{cases} \text{constan}t, & u \leqslant 1 \\ (\ln u)/u, & u \geqslant 1 \end{cases}$$

Newman 基于平均场理论得到了以下近似表达式：

$$f(u) \approx \frac{1}{2\sqrt{u^2 + 2u}}\text{arctan}h\sqrt{\frac{u}{u + 2}} \qquad (2\text{-}15)$$

当 $p = 0$ 时该网络是一个完全规则的最近邻耦合网络，表现为聚类系数高和平均路径长度大；当 $0 < p \ll 1$ 即 p 值很小时，网络的聚类系数变化幅度不大，但是平均路径长度快速下降；当 $p = 1$

时网络为完全随机网络。

③无标度网络模型

现实生活中很多网络如 Internet 和新陈代谢网络等的节点的度分布具有幂律分布的特点，即 $P(k) \propto k^{-\gamma}$，这说明网络中大部分节点只与少数节点具有关联性，小部分节点与大量节点具有关联性，网络中节点的度没有显著的特征长度，故将这种网络称为无标度网络（Scale-free Network）。

Barabási 和 Albert 提出了一个无标度网络模型（简称 BA 模型）用于解释幂律分布的形成机理，且指出该网络具有增长特性和优先连接特性。其中增长特性指网络的规模会随着时间的推移不断扩大；优先连接特性反映的是新节点与度较高的节点相连接的趋势。构造 BA 无标度网络的算法如下：a. 增长，在一个具有 m_0 个节点的网络基础上，每次引入一个新的节点与已有的 m 个节点相连 $(m \leqslant m_0)$；b. 优先连接，新的节点与一个已有节点 v_i 相连的概率 Π_i 与该节点的度 k_i 相关，表达式如下：

$$\Pi_i = \frac{k_i}{\sum_j k_j} \tag{2-16}$$

式（2-16）中，j 表示网络中已有节点总数。

根据上述方法重复 t 次后可得到一个包含 $N = t + m_0$ 个节点和 mt 条边的网络，当 $t \to \infty$ 时，网络中节点度为 k 的概率 $P(k) = 2m^2 k^{-3}$，符合幂律分布。

由上述分析可知，在有 N 个节点的无标度网络中，其度分布满足 $P(k) \propto k^{-\gamma}$，当 $2 < \gamma < 3$ 时，平均路径长度 $L \propto \ln\ln N$；当 $\gamma = 3$ 时，$L \propto \ln N/\ln\ln N$；当 $\gamma > 3$ 时，$L \propto \ln N$。在 BA 无标度网络中 $\gamma = 3$，故其平均路径长度可表示为：

$$L_{BA} \propto \ln N/\ln\ln N \tag{2-17}$$

式（2-17）表明 BA 无标度网络模型具有小世界特性。

BA 无标度网络的聚类系数可表示为：

$$C_{BA} = \frac{m^2 (m+1)^2}{4(m-1)} \left[\ln(\frac{m+1}{m}) - \frac{1}{m+1} \right] \frac{[\ln(T)]^2}{T} \tag{2-18}$$

式(2-18)中，T 为最终新增节点个数。

BA 无标度网络的度分布满足：

$$P(k) = \frac{2m(m+1)}{k(k+1)(k+2)} \propto 2m^2 k^{-3} \qquad (2\text{-}19)$$

(3) 复杂网络的传播动力学

随着对复杂网络研究的加深，学者们开始研究不同事物（如 Internet 病毒在网络的蔓延，传染疾病的流行及谣言的传播）在实际系统中的传播行为。生物学中对病毒传播的起源较早，且建立了比较完善的数学模型。基于传染病模型，科学家们设计了多种网络传播模型，其中最基本的包括 SI、SIS 和 SIR 模型。

①SI 模型

在 SI 模型中个体包括易感染个体 S（Susceptible）和感染个体 I（Infected）。在病毒爆发初期，网络中某几个个体被病毒感染，并通过一定的概率传染给邻居个体，此时 S 类个体会变为 I 类个体成为新的感染源，重新感染系统中的其他个体。假设在一个包括 N 个个体的网络中，t 时刻处于 S 状态和 I 状态的个体密度分别为 $S(t)$ 和 $I(t)$，S 类个体被感染为 I 类个体的概率为 λ，则每一时刻会新增加 $\lambda N S(t) I(t)$ 个感染个体，且当个体处于感染状态后该状态将不会改变，由于在该系统中只有两种状态，故可得到以下方程组：

$$\begin{cases} N \dfrac{\mathrm{d}I(t)}{\mathrm{d}t} = \lambda N S(t) I(t) \\ S(t) + I(t) = 1 \end{cases} \qquad (2\text{-}20)$$

假设在初始时刻，感染个体的密度初始值为 I_0，即 $I(0) = I_0$，对式(2-20)求解可得到：

$$I(t) = \frac{1}{1 + (1/I_0 - 1)e^{-\lambda t}} \qquad (2\text{-}21)$$

由此可知，当 $t \to \infty$ 时，$I(t) \to 1$，即当时间足够充分时，SI 模型中的所有个体均会被感染称为 I 类状态。

②SIS 模型

　　SIS 模型与 SI 模型类似，均只有易感染 S 和感染 I 两种状态，但是不同于 SI 模型，在 SIS 模型中感染的个体会以一定的概率被治愈重新变为易感染个体。假设 α 和 β 分别表示，S 类个体被感染为 I 类个体的概率和 I 类个体恢复为 S 类个体的概率，$S(t)$ 和 $I(t)$ 分别表示 t 时刻 S 和 I 状态下个体的密度，则 SIS 模型的传播动力学方程可表示如下：

$$\begin{cases} \dfrac{dS(t)}{dt} = -\alpha S(t)I(t) + \beta I(t) \\ \dfrac{dI(t)}{dt} = \alpha S(t)I(t) - \beta I(t) \end{cases} \tag{2-22}$$

　　令 $\lambda = \alpha/\beta$ 为有效传染率，对上述微分方程求解得到：

$$I(t) = \dfrac{\lambda - 1}{\lambda + \left(\dfrac{\lambda - 1 - \lambda I_0}{I_0}\right)e^{-(\lambda-1)\beta t}} = \dfrac{1 - 1/\lambda}{1 + \left(\dfrac{\lambda - 1 - \lambda I_0}{\lambda I_0}\right)e^{-\alpha(1-1/\lambda)\beta t}}$$

$$\tag{2-23}$$

式 (2-23) 的阈值为 $\lambda_c = 1$，假设网络达到稳定所经历的时间为 T，当 $\lambda < \lambda_c$ 时，由于在传染期内被感染为感染个体的概率与治愈成为易感染个体的概率相等，稳定解 $I(T) = 0$；当 $\lambda \geq \lambda_c$ 时，$I(\infty) = 1 - 1/\lambda$。

　　Pastor-Satorras 等基于生物学上的病毒传染 SIS 模型，利用平均场理论提出了无标度网络的传染模型[189]，其动力学方程如下：

$$\dfrac{d\rho_k(t)}{dt} = -\rho_k(t) + \lambda k[1 - \rho_k(t)]\Theta[\rho_k(t)] \tag{2-24}$$

式 (2-24) 中 $\rho_k(t)$ 表示在 t 时刻度为 k 的节点组中感染节点的密度，$\Theta[\rho_k(t)]$ 表示度为 k 的节点与感染节点相连的概率。

　　随着时间的推移度为 k 的节点稳定时的密度记为 ρ_k，结合式 (2-24)，由系统稳定的条件 $\dfrac{d\rho_k(t)}{dt} = 0$ 可知：

$$\rho_k = \dfrac{k\lambda\Theta(\lambda)}{1 + k\lambda\Theta(\lambda)} \tag{2-25}$$

病毒在无标度网络上 SIS 模型的阈值为：

$$\lambda_c = \frac{\langle k \rangle}{\langle k^2 \rangle} \tag{2-26}$$

③SIR 模型

在 SIR 模型中，网络中的节点有三种状态：易感染状态 S、感染状态 I 和免疫状态 R(Remove/Recover)。当网络中的个体从感染状态治愈并获得免疫能力的个体不会感染其他个体同时也不会被感染，即该个体获得了免疫能力。假设 α 和 β 分别表示 S 状态个体被感染为 I 状态的概率和 I 状态个体被治愈为 R 状态的概率；在 t 时刻处于 S 状态、I 状态和 R 状态的个体密度分别用 $S(t)$、$I(t)$ 及 $R(t)$ 表示。SIR 模型中的传染动力学方程如下：

$$\begin{cases} \dfrac{dS(t)}{dt} = -\alpha S(t)I(t) \\[2mm] \dfrac{dI(t)}{dt} = \alpha S(t)I(t) - \beta I(t) \\[2mm] \dfrac{dR(t)}{dt} = \beta I(t) \end{cases} \tag{2-27}$$

随着时间的变化，网络中的感染个体将逐渐增加，经过足够长的时间后由于易感个体的不足使得感染个体减少，直至感染个体变为零，结束传染过程。SIR 模型也存在阈值 λ_c，当 $\lambda < \lambda_c$ 时，传染无法传播；当 $\lambda > \lambda_c$ 时，传染全局爆发。

假设 $S_k(t)$、$I_k(t)$、$R_k(t)$ 分别表示在度为 k 的节点组中易感个体、感染个体、免疫个体的密度，则可得到：

$$S_k(t) + I_k(t) + R_k(t) = 1 \tag{2-28}$$

通过求解可得：

$$\lambda_c = \frac{\langle k \rangle}{\langle k^2 \rangle} \tag{2-29}$$

由此可知，SIR 模型和 SIS 模型的有效传播率阈值结果相同。

(4)复杂网络的博弈动力学

①经典演化博弈模型

a. 囚徒困境博弈。

　　囚徒困境由 Flood 和 Dresher 于 1950 年提出，该模型揭示了个体利益和集体利益的两难问题。该模型的原始描述如下：两名犯罪嫌疑人被警方逮捕，出于没有找到证据的原因，将两人分开到两个审讯室同时审查，如果其中一个审讯室的嫌犯指证另一审讯室的嫌犯且被指证的嫌犯保持沉默，那么指证的嫌犯不会受到惩罚而被指证的嫌犯会被判 10 年监禁；如果两个审讯室的嫌犯都不指证对方，则两人都只坐 1 年牢；如果两个审讯室的嫌犯相互指证对方，则双方都会坐 2 年牢。其中，沉默表示同伴间的合作，指正表示同伴间的背叛，从囚徒困境的收益矩阵可知，无论对方采取哪种策略，背叛最能给自己带来最大的利益，因此，最终两个嫌疑人都会采取坦白的策略。

　　b. 雪堆博弈。

　　两个司机每天回家都会从相对的方向经过同一条小路，在一个下雪的晚上，道路中间形成了一个很大的雪堆，此时这两个司机正好相向开车经过此处。这两个司机均有下车铲雪和继续待在车上这两种选择。铲雪需要付出的总代价为 c，可获得的收益为 b，如果两人合作下车铲雪，则两人共同承担铲雪成本，且分别获得 b 的收益；两人都不合作，他们既不用付出代价也不会获得收益；两人中一个合作、另外不合作，则合作者将独自承担总代价 c，而不合作者不仅不用承担成本而且还能获得 b 的收益，且 $b > c > 0$，雪堆博弈的收益矩阵为：

$$\begin{array}{cc} & \begin{matrix} C & \quad D \end{matrix} \\ \begin{matrix} C \\ D \end{matrix} & \begin{pmatrix} b - c/2 & b - c \\ b & 0 \end{pmatrix} \end{array}$$

　　由此可知，雪堆博弈存在唯一的混合策略的纳什均衡：$x^* = (b - c)/(b - c/2)$，即合作与背叛策略共存。

　　c. 公共品博弈。

　　公共品博弈是典型的多人博弈[190]，为公共合作行为的研究提供了框架[191]。假设有一个公共的项目，有 N 个投资者对其进行投资，每个投资者均有投资和不投资两种策略选择，投资后投资金额会被扩大 r（$r > 1$）倍后平均分配给群体中的所有个体（包括投资者和未投资者）。假设群体中进行投资的个体为 m，则不进行投资的个体为 $N-m$，投资群体的投资额为 c，则投资个体能获得的收益为 $rcm/N-c$，未投资者可获得的收益为 rcm/N。因此，在公共品博弈中，个体的最佳选择永远是投机策略而不是合作策略，造成了公共品悲剧[192]。

②复杂网络上的演化博弈

随着互联网的发展，产业呈现出了复杂的网络特性[193]。网络特性使企业之间能够通过直接的联系来交换信息和相互学习，进而影响企业的策略选择[194]。复杂网络演化博弈理论对于分析网络结构对个体企业行为演化的影响具有一定的理论优势[195]，是近年来随着复杂网络研究的兴起而逐渐引起关注的一个重要研究方向[196]。1992 年 Nowak 和 May 最早提出了空间博弈的研究，他们在规则二维空间网格上研究了囚徒困境博弈，指出空间结构能促进网络中的合作行为[197]。Hauert 等的研究指出空间结构对雪堆博弈合作策略具有抑制作用[198]。Santos 等对比研究了在规则网络和无标度网络上的囚徒困境博弈和雪堆博弈，并得出了无标度网络更能促进合作的结果[199]。Gámez-Gardeñes 等研究了无标度网络上个体策略的动态变化结构，指出系统达到平衡时，网络上具有三类个体，即保持合作的个体、保持背叛的个体、不断改变策略的个体[200]。该结果解释了无标度网络对合作的促进作用。

除网络的拓扑结构，学者们还研究了网络的平均度[201]、聚类系数[202]、度相关性[203]等对博弈过程中合作的促进作用。Assenza 等人通过对无标度网络的聚类系数对博弈合作影响的研究，揭示了聚类系数对背叛诱惑程度的负向影响机制[202]。Tang 等人比较了无标度网络、小世界网络及随机网络中平均度对合作行为的影响[204]。

本章小结

本章对风险、安全、水上飞机及水上飞机起降安全风险等重要概念进行了界定。此外，对本书中涉及的理论知识进行了归纳和总结，分别梳理了风险管理理论、风险致因理论及复杂网络理论，其中复杂网络理论包括复杂网络的基本介绍、复杂网络上的演化动力学、复杂网络上的传播动力学及复杂网络上的博弈动力学，为本书后续要开展的研究提供了理论基础。

第3章　水上飞机起降安全风险
因素识别

3.1　水上飞机起降的特征分析

(1)起降方式灵活

水上飞机起降的过程中飞行员可根据当时的条件自行决定起降的方向和角度，使飞行员具有更多的自主选择权，对飞行员的专业素质、技能及判断能力提出了更高的要求。尤其是两栖水上飞机在水上和陆上两种起降方式之间的转换也对飞行员的综合素质提出了更高的挑战。

(2)目视飞行

水上飞机的起降过程都是通过目视飞行来完成，因此对飞行员综合素质和能见度等气象条件提出了更高的要求。水上飞机在起降过程中要求能见度达到5公里及以上。水上飞机的飞行员除了要掌握水上飞机起降的技能外，还要具有敏锐的洞察力及应急反应能力以应对目视飞行中可能遇到的突发状况。

(3)协调部门多

水上飞机在水面上起降时，要与多个部门协调沟通。水上飞机在水面滑行时可以被当作船，为了保证航行的安全，需要与海事相关部门协调；水上飞机在空中时可以作为飞机，需要与民航部门沟通，且整个起降过程中需要与空军和塔台管制员保持联系。由此可知，在水上飞机整个起降过程中涉及的沟通协调部门众多，这在一定程度上增加了起降过程中的沟通难度。

3.2　水上飞机起降安全风险的主要表现形式

在实地调研和事故统计分析的基础上结合水上飞机起降的特征，水上飞机起降过程中的安全风险主要体现在三个方面：操作失误风险、复杂水域起降碰撞风险、冲/偏出跑道风险。其中，操作失误风险和冲/偏出跑道风险针对既可在陆上起降又可在水面起降的水上飞机；复杂水域起降碰撞风险主要是针对只能在水面起降的水上飞机。

(1) 飞行员操作失误风险

操作失误会对飞行安全产生巨大的影响，然而目前尚没有对飞行员操作失误进行明确界定，寇学智和胡寓认为人的失误是指人的行为结果偏离了规定的目标，或超出了可以接受的界限，并产生不良影响[205]。水上飞机飞行员操作失误最突出的一种表现形式就是在水陆转换起降的过程中忘记收放起落架，这会严重威胁起降安全。水上飞机飞行员的操作风险与陆上飞行员操作风险存在一定的差异，因为水上飞机起降全程都是靠飞行员目视飞行且起降的水面条件均会对安全产生影响，因此对水上飞行员的操作要求会更高一些。

(2) 复杂水域起降碰撞风险

当水上飞机在水面上起降，尤其是在复杂水域起降时，与船舶、其他航空器、桥梁、建筑物等障碍物的碰撞是水上起降的最大安全隐患。复杂水域尚没有明确的界定，泛指自然条件差、船舶交通流复杂、船舶航行难度大的水域[206]，包括冰区、岛礁区、极区、浅水区、狭水道等，复杂水域具有以下特点：坡岸不稳定，河道纵横交错、水上交通流复杂，水文气象条件复杂，水面上存在桥梁墩、隐藏浅滩、暗礁等[207]。水上飞机在水面上起降时可被视为船舶，其水上碰撞的定义可以参考船舶碰撞的定义。船舶碰撞的定义存在一定的争议，《1910年统一船舶碰撞若干法律规定的国际公约》认为船舶碰撞是一种由船舶之间的实际接触造成一方或多方损害的海上事故，且该事故对水域没有限制；我国《海商法》将船舶碰撞定义为船舶间发生接触而造成损害的海事事故，该事故发生在海上或者与海相通的可航水域；国际海事委员会在《里斯本规则》中对船舶碰撞进行了新的界定："船舶碰撞系指船舶之间没有发生实际接触，但造成灭失或损害的任何事故"；"船舶碰撞系指因一船或多船的过失引起两船或多船间的相互作用，进而导致灭失或损害，而不论船舶间是否发生接触"。

鉴于此，本书将水上飞机复杂水域起降碰撞界定为水上飞机在自然条件差、船舶交通流复杂、船舶航行难度大的水域起降的过程中与该区域内船舶、其他航空器、桥梁、建筑物等障碍物相互作用，导致损害的事故。碰撞风险是指该事故发生的可能性与严重性的组合。

(3) 冲/偏出跑道风险

当两栖水上飞机在陆上起降时，冲/偏出跑道的定义与普通运输飞机的定义无差异。澳大利亚运输安全局针对冲/偏出跑道撰写了相关的报告，报告指出冲出和偏出跑道均属于跑道偏离，不同组织对其名称的使用存在一定的差异，也有些组织将两者视为同一问题。报告将跑道偏离定义为：道面上的航空器脱离跑道道面的末端或侧端。澳大利亚安全运输局编制的安全报告将跑道偏离分为两种情况：冲出跑道，指航空器在进近阶段冲出跑道；偏出跑道，指航空器在着陆滑行或离场时偏出跑道侧端。霍志勤将冲/偏出跑道包括四种情况：起飞阶段飞机偏离跑道道面；起飞阶段飞机冲出跑道末端；着陆阶段飞机偏离跑道道面；着陆阶段飞机无法停止在跑道末端前[208]。

　　基于此，本书将水上飞机陆上起降冲/偏出跑道风险定义为，陆上起降的两栖水上飞机在起飞阶段和着陆阶段偏离跑道道面或冲出跑道末端的可能性与严重性的组合。

3.3　风险识别方法的比较与选择

　　风险识别是指风险管理者采用风险识别技术，对潜在和客观存在的各种因素进行系统的预测、推理和归纳的过程。风险识别的方法多种多样，包括头脑风暴法、检查表法、德尔菲法、流程图法、事故树分析法、解释结构模型、结构方程模型、扎根理论等。各方法的适用性如表 3-1 所示。

表 3-1　　　　　　　　风险识别方法的比较

方法	适用范围	优点	缺点
头脑风暴法	适用于制定群体决策的情形	能够有效避免"群体思维"，提高决策的质量	对参与人员的要求比较严格
检查表法	适用于生产系统风险管理的过程	使用过程简单，且易于量化分析	检查表需要由不同级别的专业人员共同设计，专业性较强
德尔菲法	适用于资料缺乏、要进行长远预测且主观性对预测影响小的情形	专家之间不用见面，可以消除权威观念的影响，且简单易行	专家的选择上比较严格
流程图法	适用于对企业生产经营过程中具有可观察性任务的风险因素定性分析	简单易学，适用于多个领域内的任务分析	不适用于分析隐性和复杂的工作

续表

方法	适用范围	优点	缺点
事故树分析法	适用于对特定事故的深入分析	能够详细描述事故的原因及相互间的逻辑关系	需要有完善的事故资料信息，分析人员需要有丰富的经验且不适用于复杂系统
解释结构模型	适用于分析风险因素内部的层级结构	对复杂系统的风险因素分析具有较强的适用性	构建邻接矩阵的主观性较强且对因素间关联性分析不足
结构方程模型	适用于分析多个因变量对结果变量影响的情形	可以允许变量有误差，且该方法可以估计因子结构	该方法对前期的假设要求严格
扎根理论	适用于具有丰富一手资料的情形，研究的源头可追溯和重复检查，具有高信度和解释力	能够从现实情境中发现问题、提炼问题进而形成理论，保证研究结果的客观性	研究资料的选取会对研究结果产生影响

　　综上可知，各种方法都有自身的适用范围及优缺点，研究者们可以有选择性地采用某些方法。目前，质性研究受到了管理学研究者的广泛青睐，扎根理论作为一种比较客观的质性研究方法受到了管理学研究者的广泛关注[209]。扎根理论能够从现实情境中发现问题、提炼问题进而形成理论，能够保证研究结果的客观性。此外，关于世界范围内的比较具有代表性的水上飞机事故都有专门的机构进行调查并发布相关报告，在水上飞机起降安全事故资料收集方面有所保障。鉴于此，笔者将基于扎根理论全面识别水上飞机起降安全风险因素，构建风险因素概念模型。

3.4　基于扎根理论的水上飞机起降安全风险因素识别

扎根理论是由美国社会学家 Glazer 和 Strauss 于 1967 年提出的一种定性研究方法，用于研究自然环境中的社会现象[210]，适用于没有假设存在或者假设过于抽象无法通过演绎法验证的情况[211]。扎根理论自提出后，在社会科学中得到了广泛使用，作为一种理论手段用于分析经历重大生活变化(如患有慢性病的家庭)个人的心理过程[212]。扎根理论注重理论的发展，且该理论来源于所收集的现实资料以及资料与分析的不断循环[213]，即通过收集数据形成理论、然后再收集数据完善理论的过程，直至达到理论饱和[214]。扎根理论的主要思路是从经验资料的基础上建立理论，提出一套完整的用于建构理论的系统数据收集方法[215]，将实证研究与理论构建关联，为质性研究提出了具体的分析程序[216]，对量化研究进行了有力补充，近年来逐渐受到了管理学研究者的关注和青睐[214]。

编码是扎根理论最重要的一个环节[217]，包括开放式编码、主轴式编码和选择式编码三个部分。其中开放式编码指将所收集的资料加以分解和比较使其概念化和范畴化，主轴式编码是将得到的概念重新抽象、提升和综合为范畴并将范畴之间联结在一起的过程，选择式编码主要是归纳出核心范畴，梳理核心范畴与次要范畴之间的逻辑关系。

3.4.1　扎根理论的研究程序和资料选取

(1)扎根理论的研究程序

扎根理论方法主要包括三个步骤：对原始数据的开放式编码、对主范畴的主轴式编码及对核心范畴与次要范畴之间逻辑关系的选择性编码，其研究程序如图 3-1 所示。

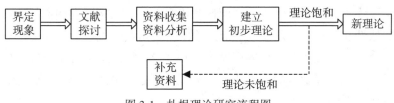

图 3-1　扎根理论研究流程图

①开放式编码

开放式编码阶段的工作主要是对原始的事故记录报告和访谈获取的原始资料逐词、逐句、逐个事件进行编码抽象出初始概念，对初始概念的类属进行总结并发现其范畴。在该阶段中通过对前期资料的分析发现数据的漏洞和不足，并通过对事故报告的进一步分析和反复访谈对其进行完善。同时，通过对不同数据资料的比较抽取出新的概念，以完善初始概念。为了提高该阶段编码的信效度，要尽量减少研究者的主观偏见和经验判断的影响。

②主轴式编码

主轴式编码与开放式编码比较而言，其指向性、选择性和概念性更明确。该阶段主要是对开放式编码抽象出的范畴进行聚类，找到范畴与范畴之间的关联。一般运用"因果条件—现象—脉络—中介条件—行动/策略—结果"的典范模式，来发展范畴的性质和层面，使范畴更严密。

③选择性编码

选择性编码是在主轴式编码的基础上，通过系统地分析来选择一个核心范畴，围绕核心范畴建立故事线，并简明清晰地描述核心范畴与次要范畴之间的逻辑关系。核心范畴要能最大限度地囊括更多风险因素，既能在已有范畴中选择也可以根据需要从抽象层面提炼而得到。该阶段会形成理论饱和的系统框架。

（2）扎根理论的资料选取

原始资料的选取是开展扎根理论研究的基础，本书将案例资料和访谈及座谈记录资料作为开展扎根理论的原始资料。

51

①案例资料的选取

为了保证风险因素的全面性和代表性,本书按照案例资料的可获取性和代表性,从澳大利亚运输安全委员会、加拿大运输安全委员会、中国民用航空局等网站上选取了 28 个有详细调查分析报告且发生在起降阶段的水上飞机不安全事件、事故症候及事故案例。案例资料的来源如表 3-2 所示。

表 3-2　　　　　　　　　　　案例材料来源表

序号	案例描述	案例资料来源
1	2017.12.31 悉尼新南威尔士州水上飞机起飞后坠湖	澳大利亚运输安全局事故调查报告
2	2017.3.13 昆士兰一架水上飞机起飞时浮筒撞上暗礁	澳大利亚运输安全局事故调查报告
3	2017.1.10 昆士兰州一架两栖水上飞机着陆时撞地	澳大利亚运输安全局事故调查报告
4	2016.7.20 上海金山一架两栖水上飞机起飞时撞桥	中国民用航空局
5	2016.7.12 昆士兰州一架水上飞机起飞后飞行员失能	澳大利亚运输安全局事故调查报告
6	2016.6.5 昆士兰州一架水上飞机起飞时失控撞水	澳大利亚运输安全局事故调查报告
7	2016.5.24 一架水上飞机在哥伦比亚水上机场硬着陆	加拿大运输安全局事故调查报告
8	2016.3.29 魁北克的飞机偏离航线撞地	加拿大运输安全局事故调查报告
9	2015.6.25 加拿大一架两栖水上飞机起飞时撞到珊瑚礁	加拿大运输安全局事故调查报告
10	2014.8.14 哥伦比亚一架水上飞机起飞时撞水失速	加拿大运输安全局事故调查报告

续表

序号	案例描述	案例资料来源
11	2014.6.25 安大略省一架水上飞机降落时失控撞树	加拿大运输安全局事故调查报告
12	2014.5.24 安大略一架两栖水上飞机降落时失控撞水	加拿大运输安全局事故调查报告
13	2013.7.4 安大略一架两栖水上飞机陆上降落时撞水	加拿大运输安全局事故调查报告
14	2013.3.27 圣安东尼一架双水獭飞机着陆时冲出跑道	加拿大运输安全局事故调查报告
15	2012.5.25 安大略省一架水上飞机着陆时失控撞水	加拿大运输安全局事故调查报告
16	2011.9.22 耶洛奈夫一架水上飞机降落时撞建筑物	加拿大运输安全局事故调查报告
17	2011.7.4 马尼托巴省一架水上飞机起飞时偏出跑道	加拿大运输安全局事故调查报告
18	2008.9.23 魁北克一架水上飞机硬着陆	加拿大运输安全局事故调查报告
19	2006.11.6 一架两栖水上飞机起飞时起落架撞地	加拿大运输安全局事故调查报告
20	2005.9.29 魁北克一架水上飞机起飞时侧翻	加拿大运输安全局事故调查报告
21	2005.6.24 耶洛奈夫一架水上飞机起飞时坠水	加拿大运输安全局事故调查报告
22	2005.6.18 马尼托巴省一架水上飞机硬着陆翻倒	加拿大运输安全局事故调查报告
23	2004.6.14 魁北克一架水上飞机着陆时侧翻	加拿大运输安全局事故调查报告
24	2004.6.7 亚伯达省一架水上飞机着陆时翻入水中	加拿大运输安全局事故调查报告

续表

序号	案例描述	案例资料来源
25	2003.9.3 哥伦比亚一架水上飞机起飞时撞击码头	加拿大运输安全局事故调查报告
26	2002.5.9 魁北克一架水上飞机起飞后机头向下俯冲	加拿大运输安全局事故调查报告
27	2001.7.18 哥伦比亚一架两栖水上飞机着陆时侧翻	加拿大运输安全局事故调查报告
28	1999.9.26 维多利亚一架水上飞机降落时与船相撞	加拿大运输安全局事故调查报告

②访谈记录

在对文献研究的基础上，设计了水上飞机起降安全风险访谈提纲。采用理论抽样和目的抽样相结合的方式抽取来自通航企业、飞行俱乐部、飞行器研发单位的相关管理人员及飞行员等 29 位了解水上飞机的受访者开展了座谈及访谈工作。采取开放性和结构性结合的方式开展访谈和座谈，并对座谈和访谈内容进行具体记录，作为扎根理论的原始资料。开展访谈及座谈前与相关人员进行了联系并告知了此次访谈的目的及主要访谈内容，让受访者有充分的准备，正式访谈时针对不同受访者采用不同的访谈策略，偏向不同的侧重点，如针对管理人员主要是了解水上飞机安全风险管理的情况及公司对水上飞机起降安全相关规定类的内容，针对飞行员主要是询问起降过程中遇到过哪些不安全的因素等。

通过上述分析可知，本书扎根理论的原始资料来源包括 28 个案例资料和对 29 位受访者的访谈及座谈资料。

3.4.2　水上飞机起降安全风险因素的开放式编码

（1）水上飞机起降安全风险因素的概念化分析

概念化分析是指对获得的原始材料进行分解，采用精炼简短的语句表达原意，不加入个人认知，使原始资料概念化的过程，围绕

水上飞机起降安全风险因素这一核心主题，对水上飞机起降不安全
事件、事故症候、事故报告及原始访谈记录材料进行逐字逐句的概
念化分析，对于水上飞机起降安全相关的因素进行编码。依据扎根
理论的原生编码原则，对案例和访谈中得到的安全风险因素进行概
念化分析，得到相关概念 203 个，编码过程结果如表 3-3 所示。

表 3-3　　　水上飞机起降安全风险因素开放式编码分析

材料	原始语句	概念化	
2017.12.31　悉尼新南威尔士州水上飞机起飞后坠湖	A1　起飞点的确切起飞路径尚未确定，但目击者观察到这架飞机进入耶路撒冷湾； A2　在进入耶路撒冷湾后不久，许多目击者报告说，飞机突然进入了一个急剧的右转，飞机的机头突然下降，飞机在接近垂直的位置与水相撞； A3　没有驾驶舱语音或飞行数据记录仪（也没有监管要求这种飞机配备），没有安装在飞机上的商业视频记录设备； A4　事故发生时距离事故现场分别为11km 和 22km 的自动气象站显示的风速为 13km/h 和 20km/h，位于耶路撒冷湾的目击者表示，风力以不同的强度直接进入海湾，这将导致飞机在进入耶路撒冷湾时遇到顺风。	A1-1 A1-2 A2-1 A3-1 A3-2 A4-1	起飞路径不明确 飞行前准备不足 飞行员违规操作 飞行装备配备不全 管理监督机制缺乏 顺风
2017.3.13　昆士兰一架水上飞机起飞时浮筒撞上暗礁	A5　太阳的角度很低，增加了从水面反射回来的阳光，在碰撞的速度下，飞机的机头姿态处于起飞运行的最高角度，与阳光反射相结合，严重限制了飞行员探测暗礁的能力； A6　在规定的航道外没有朝向礁石点的危险标记。	A5-1 A6-1	飞行员视觉受阻 航道标记缺失

材料	原始语句	概念化
2017.1.10　昆士兰州一架两栖水上飞机着陆撞地	A7　飞行员在对海滩着陆点进行低空检查时，飞机突然失去了引擎动力； A8　两名目击者表示，这架飞机正与海滩平行飞行，然后以越来越陡峭的角度向左转弯，在飞机停在鼻子撞击点附近约 5 米处之前，左翼尖和鼻翼分别先后击中地面； A9　对雷达数据回顾显示，雷达数据提供了从 10：32 到 10：38 的飞机轨道和高度信息，但此期间的雷达返回丢失。	A7-1　引擎失去动力 A8-1　飞行员应急处置能力不足 A8-2　针对紧急情况的飞行前决策与规划欠缺 A8-3　飞行员无法控制飞机 A9-1　雷达信息丢失
2016.7.20　上海金山一架两栖水上飞机起飞时撞桥	A10　幸福通航 7 月 19 日提交的"飞行计划申请单"显示，7 月 20 日的这次飞行任务原本并未安排后来出事的 B-10FW 飞机，机组成员名单也未包括在事故中一死一伤的两名飞行员； A11　航空公司执行飞行任务时通常有三天的准备时间，但这次执飞前一天才接到飞行任务； A12　两架水上飞机在降落时发生磕碰，导致其中一架严重受损，航空公司没有及时将事故报告民航管制部门，相反擅自改变了飞行计划，临时安排另一架飞机替代，最终酿成惨剧； A13　直到这次出事之前，幸福通航并未获得常客运营的资质； A14　出事飞机机长飞行年龄只有三年多，水上飞行时间不足 200 小时； A15　幸福通航运行副总兼总飞行师任职期间在运行管理、训练组织、个人经历等方面存在工作失职、资质不符、弄虚作假等失信行为，性质恶劣，后果严重； A16　失事飞机存在配载失衡的问题； A17　机组在偏离 22 号跑道位置 395m 左右开始加油门至起飞推力，未按照要求在 22 号跑道起飞。	A10-1　违反飞行计划 A10-2　更换机组成员 A11-1　飞行任务准备时间不足 A12-1　瞒报飞机受损情况 A13-1　缺乏常客运营资质 A14-1　飞行员水上飞行时间不足 A15-1　管理者失职 A16-1　飞机配载失衡 A17-1　飞行员未听从指挥 A17-2　飞行员违规操作

续表

材料	原始语句	概念化
2016.7.12 昆士兰州一家两栖水上飞机起飞后飞行员失能	A18 当飞机爬升到预定巡航高度时，飞行员开始感到头晕、头晕、呼吸急促，将飞机转为仪表飞行，随着飞行的继续，症状加剧，飞行员感到手和手指刺痛，头部的大动作引起了严重的恶心； A19 虽然条件并不完美，但他们仍然选择采用视觉方法，大的头部动作加剧了他们的症状。	A18-1 飞行员身体出现不适症状 A18-2 飞行员身体素质不佳 A18-3 飞行员失能 A19-1 视觉飞行加剧了症状
2016.6.5 昆士兰州一架水上飞机起飞时失控撞水	A20 飞行员表示当他们向左侧滚动时，他们被侧风"震惊"并"惊讶"他们无法控制水上飞机； A21 左边的水箱里有大约110升的燃料，在右边的水箱里大约有60升的燃料，这可能是飞机左滚动的原因； A22 ATSB正在修改运营基地水上飞机应对侧风起飞的程序。	A20-1 侧风 A20-2 飞机失去控制 A21-1 飞机配重失衡 A22-1 侧风应对程序不适用
2016.5.24 一架水上飞机在哥伦比亚水上机场硬着陆	A23 这架飞机没有配备紧急定位发射机； A24 飞行员在安全须知中没有说明紧急出口的使用情况，因为这不是法规或公司政策所要求的； A25 在飞行员的安全须知介绍中，中排的3名乘客难以找到并系好安全带，并没有将注意力集中在安全须知上，机组人员不确认乘客是否了解适用的紧急出口程序； A26 飞行员使用侧滑技术来抵消右侧的侧滑，提高了下降的速度，飞机降落在水面时具有较高的下降和横向漂移速度，导致浮筒支撑结构坍塌； A27 目标机场没有为往返于该机场的飞机提供航空气象服务，事故发生时，机场波浪高度大约为1英尺或更高，偶尔有白色海浪，处于强西风或西北风；	A23-1 未配备紧急定位发射机 A24-1 飞行员安全意识缺乏 A24-2 监管政策不完善 A25-1 飞行员未确认乘客理解安全须知 A26-1 飞行员操作失误 A27-1 航空气象服务信息缺失 A27-2 浪高过大 A27-3 不利的风(阵风和侧风)

57

续表

材料	原始语句	概念化
2016.5.24 一架水上飞机在哥伦比亚水上机场硬着陆	A28 地面培训计划不包括专门的飞行员决策培训，加拿大航空条例也没有要求； A29 飞行员缺乏必要的技能、知识和安全操作的能力； A30 飞行员在实际操作中没有接受过应用飞行员决策过程的训练，导致其决定在阵风侧风条件下进行水上着陆加大了乘客面临相关事故的风险； A31 乘客没有佩戴个人漂浮装置，尽管飞行员戴着个人漂浮装置，但它的设计是为了在浸入式环境中自动充气，而且它的膨胀阻碍了飞行员的撤离。	A28-1 飞行员决策培训缺乏 A29-1 飞行员应急技能缺乏 A29-2 飞行员安全操作能力不足 A30-1 飞行员决策失误 A30-2 飞行员情景意识缺乏 A31-1 公司未规定监督乘客佩戴个人漂浮装置
2016.3.29 魁北克的一架飞机着陆时偏离航线撞地	A32 飞行员第一次尝试这种性能的飞机，副驾驶飞行员不熟悉飞机上的操作； A33 飞行员与副驾驶员进行了非必要的沟通，中断了必要的驾驶舱活动流程，增加了飞行的工作量，降低了他的态势感知并削弱了他的决策，飞行员和副驾驶飞行员均没有注意到运的上限高度小于最小下降高度； A34 飞行员提供的飞行计划中没有乘客的信息； A35 失事飞机的副驾驶飞行员和飞行员从来没有合作飞行过； A36 飞机超过了最大起飞重量； A37 飞机在飞行前未进行飞行检查； A38 这架飞机没有配备飞行数据记录器(FDR)或驾驶舱语音记录仪(CVR)； A39 飞行员没有认识到不断变化的情况需要一个新的计划，没有制订应急计划； A40 飞行员无法有效管理飞机的能源状况导致了不稳定的进近； A41 飞行员没有意识到复飞是减少工作量的一种选择； A42 飞行员在低空时以低空速快速增加全功率时，发生失控，导致动力引起的紊乱；	A32-1 飞行员不熟悉飞机 A33-1 飞行员注意力分散 A33-2 工作负荷大 A34-1 飞行计划不完整 A35-1 机组成员配合问题 A36-1 飞机超重 A37-1 飞行前检查缺失 A38-1 飞机装备配载缺失 A39-1 飞行员态势感知能力不足 A39-2 应急计划缺失 A40-1 飞行员机组资源管理不到位 A41-1 飞行员情景意识差 A42-1 飞行员决策失误

续表

材料	原始语句	概念化
2015.6.25 加拿大一架两栖水上飞机起飞撞到珊瑚礁	A43 滑行到浮标 A 的位置时飞行员慢慢推动油门开始起飞,当接近浮标 B 的时候引擎没有完全的动力; A44 飞行员在驾驶舱里检查发动机仪表,看看发动机是否已经达到了全功率,这时飞机还未上升至台阶,当飞行员再次向外看时,他们注意到飞机的机头已经偏离左边太远了; A45 飞行员试图通过右舵调整飞机的方向,但未成功,飞机撞上了 Q 浮标处的珊瑚礁; A46 在乘客下机后,通过与首席飞行员的协商重新进行了试飞,仍未成功; A47 飞行员决定使用橙色和黄色的组合来达到最大起飞距离,因为飞机接近最大起飞重量,接近退潮,所以珊瑚礁更容易暴露; A48 飞行员在一次飞机发动机管理的谈话中被告知,不用快速推进油门,但对于刚发生的飞行事件,油门的推进速度太慢,通常转向黄色跑道运行时,发动机将处于全功率状态; A49 缺乏飞行前决策和紧急情况规划。	A43-1 引擎动力不足 A44-1 飞行员注意力偏离 A44-2 飞机偏离跑道 A45-1 飞行员修正偏差能力不足 A46-1 水上跑道布局不合理 A47-1 退潮导致水位变化 A48-1 公司对飞行员的错误引导 A48-2 飞行员误操作 A49-1 缺乏飞行前决策和紧急情况规划
2014.8.14 哥伦比亚一架水上飞机起飞时撞水失速	A50 该飞机没有配备驾驶舱录音机或飞行数据记录仪; A51 在组织变革期间,人手不足的管理结构可能导致现有管理人员的工作量过大。 A52 该公司的所有飞行员没有理解和认识飞机起飞失速的问题; A53 该公司有针对陆上跑道起飞的标准操作程序,却没有针对水上起飞的标准操作程序; A54 该公司缺乏足够的管理监督,并未将各类风险纳入 SMS 系统,未对危害和风险进行书面系统评估。	A50-1 飞机装备配载不全 A51-1 管理者不足 A51-2 管理人员工作负荷大 A52-1 航空公司安全意识差 A52-2 公司安全文化缺失 A53-1 标准操作程序缺失 A54-1 安全监督不到位 A54-2 风险管理不规范

材料	原始语句	概念化
2014.6.25　安大略省一架水上飞机降落时失控撞树	A55　飞机没有配备失速预警系统，导致飞行员没有意识到即将到来的空气动力失速的风险增加； A56　在朝北方向着陆之前，飞机遇到了强烈的西风侧风和相关的湍流，引发了空气动力学失速，该飞行员没有成功恢复对该飞机的完全控制，并且撞击了距离水面约30英尺的岸上的地形。	A55-1　飞机未配备失速警报系统 A56-1　侧风 A56-2　湍流 A56-3　飞行员对飞机的控制能力不足
2014.5.24　安大略一架两栖水上飞机降落时失控撞水	A57　飞行员没有佩戴矫正镜片； A58　飞行员患有心脏病，且正在接受心脏病专家治疗； A59　飞行员没有接受水下出口训练的记录； A60　飞行员近几年的飞行小时数已经减少，不像早年那么精通，增加了水上降落的困难； A61　着陆时飞行员意外地与湖泊接触，可能是由于距离海岸线太远而且由于光亮透明的水条件导致缺乏高度参考。	A57-1　飞行员未佩戴矫正镜片 A58-1　飞行员身体疾病 A59-1　飞行员水下出口培训缺失 A60-1　飞行员水上飞行小时数减少 A60-2　飞行员熟练程度下降 A61-1　水面条件不利
2013.7.4　安大略一架两栖水上飞机陆上降落时撞水	A62　飞行员第一次飞该航线； A63　天气预报显示事故发生时有雾霾和积云； A64　飞机上救生衣数量不足且均未佩戴。 A65　飞机超重运行导致失速； A66　该飞机在事故发生时不符合所有适用的适航标准。	A62-1　飞行员不熟悉航线 A63-1　雾霾 A63-2　积云 A63-3　能见度差 A64-1　救生设备数量不足 A65-1　飞机超重 A65-2　飞机失速 A66-1　飞机不适航

续表

材料	原始语句	概念化
2013.3.27　圣安东尼一架双水獭飞机着陆时冲出跑道	A67　该公司的飞行机组人员没有接受机组资源管理培训，也没有法规要求； A68　该航空公司的新员工没有进行SMS定期培训，没有举行正式的安全会议，也没有主动的危险识别； A69　公司未对失事飞机进行通报。	A67-1　机组资源管理培训缺失 A67-2　监管法规不完善 A68-2　安全培训缺失 A68-2　风险管理缺失 A68-3　安全文化缺失 A69-1　安全总结缺失
2012.5.25　安大略省一架水上飞机着陆时失控撞水	A70　飞机降落时遇到阵风和风速增加； A71　乘客登机后，飞行员只给出了简短的安全简报，并没有确保乘客知道救生衣的位置，门出口的操作或肩带的使用情况； A72　飞行员前排乘客未佩戴肩带，飞机未配备失速警报系统； A73　飞行员未接受水下出口训练。	A70-1　风切变 A71-1　飞行员未确认乘客理解安全须知 A72-1　飞行员安全意识薄弱 A72-2　飞机未配备失速警报系统 A73-1　飞行员水下出口训练缺失
2011.9.22　耶洛奈夫一架水上飞机降落时撞建筑物	A74　飞行员在没有声明他正在控制的情况下，机长将右手放在副驾驶座上飞行员左手上方的动力杆上并启动了全面动力以进行复飞； A75　混乱的机组协调导致飞机失控。	A74-1　机组缺乏沟通 A74-2　飞行员违规操作 A74-3　复飞技能不足 A75-1　机组协调混乱
2011.7.4　马尼托巴省的一架C208B飞机起飞时偏出跑道	A76　潮湿、柔软的砾石表面跑道状况阻碍了飞机达到其所需的起飞空速的能力，且跑道尽头的地势恶劣； A77　飞行员起飞前制作了简单的安全简报，未确保乘客理解应急操作； A78　飞行员使用软场起飞技术时，没有意识到增加的空气动力学阻力，降低了飞机起飞性能； A79　在发动机的电源控制硬件中发现了几个异常现象。	A76-1　跑道性能差 A76-2　跑道条件不佳 A77-1　安全简报不完整 A78-1　飞行员起飞技术不足 A79-1　发动机故障

61

材料	原始语句	概念化
2008.9.23　魁北克一架水上飞机硬着陆	A80　飞行员未提交飞行计划，也没有要求提交；飞行期间天气恶化到飞行员被迫降落； A81　飞行员多次联系水上基地的员工但均未成功，基地工作人员接到电话时卫星通信突然丢失，该员工错误地认为该飞行员降落在 Lac Gilberte 并等待天气晴朗； A82　该航空公司的飞行员不习惯要求飞行情报中心(FIC)提供完整的气象简报； A83　飞行员在看到天气恶化时，推迟了决定是否返回或降落的决定； A84　该公司的紧急计划未启动。	A80-1　飞行计划缺失 A80-2　恶劣天气 A81-1　场务保障人员判断失误 A81-2　卫星通信丢失 A81-3　场务保障人员应急能力不足 A82-1　飞行员习惯性违章 A83-1　飞行员延迟决策 A84-1　紧急计划未启动
2006.11.6　一架两栖水上飞机起飞时起落架撞地	A85　运营商和飞行员第一次在该码头起飞； A86　码头的可用起飞长度比估计短，且码头凹陷影响起飞性能，进而导致起落架撞击木质安全路缘； A87　飞行指挥没有与飞行运行主任或首席飞行员进行讨论，缺乏应对码头起飞风险的替代方案。	A85-1　飞行员对起降环境不熟悉 A86-1　跑道可用起飞长度不足 A86-2　起飞路面凹陷 A87-1　飞行前沟通缺失
2005.9.29　魁北克一架水上飞机起飞时侧翻	A88　飞机起飞前飞行员未向乘客介绍安全须知； A89　飞机安全简报卡上印出的关于如何打开车门的指示是不正确的，这影响了乘客逃出安全出口； A90　记录飞行员的飞行时间，飞行任务时间和休息时间的表格近一个月没有更新，影响了公司的管理人员监控飞行员的工作时间； A91　飞行员和前排乘客均未佩戴安全肩带。	A88-1　飞行员未向乘客介绍安全须知 A89-1　安全简报信息有误 A90-1　飞行员飞行时间表更新不及时 A91-1　未佩戴安全带

续表

材料	原始语句	概念化
2005.6.24 耶洛奈夫一架水上飞机起飞时坠水	A92 事故发生在一个长时间工作日结束后，飞行员只有 3 个小时的睡眠，加上为了满足客户在比预定时间晚一个小时的航班上的需求可能导致飞行员急于起飞准备，从而省略了重量和平衡计算。	A92-1 飞行员睡眠不足 A92-2 飞行员未完成重量评估报告 A92-3 飞机超重
2005.6.18 马尼托巴省一架水上飞机硬着陆翻倒	A93 对飞行员执照档案的审查表明，飞行员难以通过所需的考试以获得私人飞行执照，且他在这种类型的飞机上的时间不到 100 小时； A94 天气低于控制区内视觉飞行规则（VFR）操作所需的最低要求，水基地的风正在产生 2~3 英尺高的波浪； A95 飞行员意图没有在强制性无线电频率上播出，管制员没有意识到失事飞机在 Thompson 控制区内运行； A96 飞行员和前排乘客没有佩戴安全带，后排乘客没有适当的座位和限制。	A93-1 飞行员技能不达标 A93-2 对应机型的飞行时间短 A94-1 恶劣天气 A94-2 波浪 A95-1 飞行员未传达自己的意图 A95-2 管制员忽视了控制区飞机 A96-1 运营人违规载人
2004.6.14 魁北克一架水上飞机着陆时撞击水面侧翻	A97 飞行员没有与空中交通服务进行无线电联络，也没有接到遇险呼叫； A98 襟翼在撞击时处于缩回位置，这与这位飞行员的惯常做法不同，他总是在襟翼延伸的情况下着陆，调查认为可能遇到了飞行员突然失能； A99 飞行员之前的最后一次飞行已经超过 7 个月了，且没有与教练进行长达 19 个月的训练飞行，这可能导致飞行员技能和决策过程的恶化； A100 该飞机的所有者不知道他们有责任确保适用于其飞机的适航指令已经完成，在事故发生时，适航证书并没有生效，因为没有完成适航性指示。	A97-1 飞行员缺乏与管制员的沟通 A98-1 飞行员失能 A99-1 飞行员技能生疏 A99-2 飞行训练时间不足 A100-1 飞机适航证书不完整

材料	原始语句	概念化
2004.6.7　亚伯达省一架水上飞机着陆时翻入水中	A101　飞行员在水上飞机运营和河流着陆方面相对缺乏经验，并且过去没有降落在此次目的地； A102　乘客在飞行前未从安全简报和安全功能卡上接收到水下出口的信息。	A101-1　飞行员对降落环境不熟悉 A102-1　针对乘客的水下出口信息缺失
2003.9.3　哥伦比亚一架水上飞机起飞时撞击码头	A103　机长偏离了公司基地使用的飞机正常启动和解开程序，并且没有完全向副驾驶或有关停靠程序的船坞提供简要说明； A104　通过增加反向功率来延缓飞机的向前移动，这产生了相反的效果，并加速了飞机前进，直到它撞上了邻近的码头； A105　邻近的电线可能会阻碍微开关正常工作的区域，移动部分的电力控制微开关被暴露出来。	A103-1　机长违反公司程序 A103-2　机长缺乏与相关方的沟通 A104-1　飞行员误操作 A105-1　电线
2002.5.9　魁北克一架水上飞机起飞后机头向下俯冲	A106　飞行员在爬升过程中发生急性心脏病突然失控，并且他放下了控制装置，导致飞机俯冲； A107　飞行员从未报告过他患有心脏病，也没有报告他因此而接受过治疗，他仅报告自己接受了高血压治疗，并提供了运动心电图结果的副本。	A106-1　飞行员生理疾病 A107-1　飞行员隐瞒身体疾病
2001.7.18　哥伦比亚一架两栖水上飞机着陆时侧翻	A108　两名飞行员都专注于目视监控当地交通，两名飞行员都没有注意到起落架未能缩回； A109　飞机飞行手册及其相关的检查清单在飞机上没有，因此机组人员没有参考； A110　飞行员未注意到照明灯与齿轮手柄位置不对应，对灯和手柄位置之间的关系可能并不清楚； A111　飞行员在发动机启动前没有确保所有断路器均为 IN； A112　飞行员没有使用起落架配置的外部视觉指示器，飞行员在降落到水面之前未能在视觉上确认起落架的位置，并且没有注意到起落架指示器显示齿轮已经下降。 A113　该飞机正在操作有故障的起落架压力开关。	A108-1　飞行员忽视了起落架 A109-1　检查清单缺失 A110-1　飞行员不清楚灯与手柄的关系 A111-1　飞机预启动检查不完整 A112-1　飞行员未使用外部视觉指示器 A112-2　飞行员忽视了起落架位置 A113-1　起落架故障

续表

材料	原始语句	概念化	
1999.9.26 维多利亚一架水上飞机降落时与船相撞	A114 飞行员没有看到小型游艇，直到撞击才意识到它的存在； A115 在发出着陆许可之前，管制员没有看到船，并且他在发出许可后没有监视着陆飞机或着陆区； A116 管制员的注意力被转移到控制区内的其他飞机上，并且在飞行员报告超调之前没有将注意力集中在着陆飞机上； A117 当天安排了两个管制员值班，但事故发生时只有一个管制员，另一人处于休息状态； A118 阳光反射在水面上形成了大片明亮眩光； A119 舱室结构产生一个连续的视线障碍； A120 飞行员没戴眼镜或太阳镜； A121 船员知道水上飞机在港口地区活动，但不知道他正在指定的着陆区降落； A122 温哥华港空中交通管制员只控制飞机，他们无法控制船只，也不能直接与船方沟通。	A114-1 A115-1 A115-2 A116-1 转移 A116-2 A117-1 A118-1 A119-1 视线 A120-1 太阳镜 A121-1 确标识 A122-1 复杂	飞行员漏看 管制员漏看 管制员忽视着陆区 管制员注意力 管制员区域繁忙 管制员缺岗 眩光 飞机结构阻挡 飞行员未佩戴 起降区域未明 起降区域环境
访谈记录材料	A123 行业内出现过几起水上飞机的事故，事故原因较复杂，可能跟机场缺乏标准也有一定的关系； A124 理论上水上飞机应该有海事部门参与管理，但是由于缺乏规范，职责界定不清晰，目前没有海事局参与，而是由当地湖泊管理局监管，公司每年交点钱就可以解决； A125 其他的船只或侵入物经过航道后会留下痕迹形成波浪影响水上飞机的起飞和着陆； A126 水上起降区域的浮标只是起到提示的作用，不能限制其他船只的穿行，水上飞机着陆时，船太多的时候叫道小船提醒后可能来不及避让，都是让水上飞机自行调整。 A127 水上飞机起降的过程中外面的船只、涌浪的方向和走势、风的方向、水流、发动机的异常等是主要的风险因素； A128 水上飞机在水里是船、起来后是飞机，对其管理涉及海事局和民航局，目前还没有对水上飞机管理的明确界定，因此海事局和民航的分工管理也不明确； A129 水下硬的和尖的障碍物会对水上飞机产生较大的影响，能看得到的障碍物不碍事，看不到的比较危险，水面下的障碍物也是主要担心的风险因素，尤其是水面下的渔网和游泳者等；	A123-1 缺乏标准 A124-1 职责不清 A125-1 A126-1 复杂 A127-1 A127-2 A127-3 A127-4 A127-5 A128-1 不明确 A129-1 A130-1 规范缺失 A131-1 A131-2 A132-1 缺乏统一观点 A132-2 局缺乏行业协同 A133-1 机长沟通失误	水上机场建设 水上飞机监管 外来物侵入 起降区域环境 船只 涌浪 风向 水流 发动机异常 监管机构职责 水下障碍物 公共水域使用 飞行员能力 机组配合 水上机场管理 民航局与海事 公司指挥员与

续表

材料	原始语句	概念化
访谈记录材料	A130　我国在水域的划分方面也存在一定的问题，水上区域是公共资源，水上飞机如何使用公共资源的水域没有明确的规范； A131　飞行员能力是最大风险，人的有些因素不可控，机长和副驾驶需要很好地配合； A132　水上机场的管理没有系统统一的观点，民航局只管飞行安全，海事局只管通航安全，海事局和民航局完全不懂水上飞机，两者缺乏行业间的协同，水域划界只与海事局协商，但是水上机场证却没人验证； A133　公司指挥员与机长的沟通主要是通过"吼"，会出现失误； A134　交通较繁忙的机场容易造成沟通失误现象； A135　通航的飞行员会有不熟悉机场、飞行路线的问题，通航的飞机甚至撞到过电线杆； A136　水上飞机在海里起降飞行时，会遇到海流子，会影响飞机的起降； A137　海上的涌也会对水上飞机造成飞行安全风险，水上飞机普遍较小，海上涌大的时候水上飞机很难降落，涌即使小的时候，如果飞机在拐弯的时候不注意，拐弯角度较大也很容易侧翻； A138　海面的悬浮物，藻类也会对水上飞机产生安全风险； A139　水上机场附近障碍物比较多，与高压线的距离比较近，对水上飞机起降存在影响； A140　在飞行过程中，飞行员故意撞障碍物就没有办法了，可能是这个人性格有问题，过于鲁莽或者抑郁之类的； A141　飞行前机务人员和飞行员都要对飞机状况进行检查，地面人员也要检查地面跑道和水上跑道的障碍物，地面工作人员认真的话一般没问题，但有时也不一定看得清，特别太热的时候，在机场走一圈一身汗，也没有配墨镜和休息室。	A134-1　机场繁忙程度 A135-1　飞行员不熟悉机场 A135-2　飞行员不熟悉飞行路线 A136-1　海流子（海底暗流） A137-1　涌浪 A137-2　飞行员违章操作 A137-3　飞机拐弯角度设计 A138-1　水面漂浮物 A139-1　高压线 A140-1　飞行员心理疾病 A140-2　飞行员性格问题 A141-1　飞行员飞行前检查 A141-2　机务维修人员飞行前检查 A141-3　地面保障人员工作条件恶劣

（2）水上飞机起降安全风险因素的范畴分析

范畴分析建立在概念化分析的基础之上，是指对概念化分析得到的概念进行进一步的提炼和分析，使概念聚拢和关联的过程。对上述 203 个概念进行提炼总结，得到以下 33 个范畴。其中，对重复和类似的概念进行删除和整合，范畴分析的结果如表 3-4 所示。

表 3-4　　水上飞机起降安全风险因素的范畴化分析

编号	范畴	概念内涵
1	飞行员知识技能	A8-1　飞行员应急处置能力不足 A8-3　飞行员无法控制飞机 A26-1　飞行员误操作 A29-1　飞行员应急技能缺乏 A29-2　飞行员安全操作能力不足 A45-1　飞行员修正偏差能力不足 A48-2　飞行员操作失误 A56-3　飞行员对飞机的控制能力不足 A74-3　复飞技能不足 A78-1　飞行员起飞技术不足 A93-1　飞行员技能不达标 A99-1　飞行员技能生疏 A104-1　飞行员误操作 A110-1　飞行员不清楚灯与手柄的关系 A131-1　飞行员能力
2	飞行员失能	A18-3　飞行员失能 A98-1　飞行员失能
3	飞行员决策	A30-1　飞行员决策失误 A42-1　飞行员决策失误 A83-1　飞行员延迟决策
4	飞行员身体素质	A18-1　飞行员身体出现不适症状 A18-2　飞行员身体素质不佳 A19-1　视觉飞行加剧了身体不适症状 A33-2　工作负荷大 A58-1　飞行员身体疾病 A106-1　飞行员生理疾病

续表

编号	范畴	概念内涵
5	飞行员心理素质	A140-1　飞行员心理疾病
		A140-2　飞行员性格问题
6	飞行员经验	A14-1　飞行员水上飞行时间不足
		A32-1　飞行员不熟悉飞机
		A60-1　飞行员水上飞行小时数减少
		A60-2　飞行员熟练程度下降
		A62-1　飞行员不熟悉航线
		A85-1　飞行员对起降环境不熟悉
		A93-2　对应机型的飞行时间短
		A99-2　飞行训练时间不足
		A101-1　飞行员对降落环境不熟悉
		A135-1　飞行员不熟悉机场
		A135-2　飞行员不熟悉飞行路线
7	飞行员安全意识	A24-1　飞行员安全意识缺乏
		A25-1　飞行员未确认乘客理解安全须知
		A33-1　飞行员注意力分散
		A44-1　飞行员注意力偏离
		A71-1　飞行员未确认乘客理解安全须知
		A72-1　飞行员安全意识薄弱
		A77-1　安全简报不完整
		A88-1　飞行员未向乘客介绍安全须知
		A108-1　飞行员忽视了起落架
		A112-2　飞行员忽视了起落架位置
		A114-1　飞行员漏看
8	飞行员情景意识	A30-2　飞行员情景意识缺乏
		A39-1　飞行员态势感知能力不足
		A41-1　飞行员情景意识差
9	飞行员违规操作	A2-1　飞行员违规操作
		A17-1　飞行员未听从指挥
		A17-2　飞行员违规操作

续表

编号	范畴	概念内涵	
9	飞行员违规操作	A57-1	飞行员未佩戴矫正镜片
		A74-2	飞行员违规操作
		A82-1	飞行员习惯性违章
		A92-2	飞行员未完成重量评估报告
		A95-1	飞行员未传达自己的意图
		A103-1	机长违反公司程序
		A107-1	飞行员隐瞒身体疾病
		A120-1	飞行员未佩戴太阳镜
		A137-2	飞行员违章操作
		A112-1	飞行员未使用外部视觉指示器
		A34-1	飞行计划不完整
10	飞行员疲劳	A92-1	飞行员睡眠不足
11	管制员工作疏忽	A95-2	管制员忽视了控制区飞机
		A115-1	管制员漏看
		A115-2	管制员忽视着陆区
		A117-1	管制员缺岗
12	管制员工作负荷	A116-1	管制员注意力转移
		A116-2	管制区域繁忙
13	地面保障人员工作失误	A81-1	场务保障人员判断失误
		A81-3	场务保障人员应急能力不足
		A141-2	机务维修人员飞行前检查
14	地面保障人员工作环境	A141-3	地面保障人员工作条件恶劣
15	机组资源管理不到位	A35-1	机组成员配合问题
		A40-1	飞行员机组资源管理不到位
		A74-1	机组缺乏沟通
		A75-1	机组协调混乱
		A131-2	机组配合
16	航空器故障	A7-1	引擎失去动力
		A43-1	引擎动力不足
		A79-1	发动机故障
		A113-1	起落架故障
		A127-5	发动机异常

编号	范畴	概念内涵
17	培训管理	A28-1　飞行员决策培训缺乏 A59-1　飞行员水下出口培训缺失 A67-1　机组资源管理培训缺失 A68-2　安全培训缺失 A73-1　飞行员水下出口训练缺失
18	日常监管机制	A3-2　管理监督机制缺乏 A10-1　违反飞行计划 A10-2　更换机组成员 A11-1　飞行任务准备时间不足 A12-1　瞒报飞机受损情况 A13-1　缺乏常客运营资质 A15-1　管理者失职 A24-2　监管政策不完善 A31-1　公司未规定监督乘客佩戴个人漂浮装置 A48-1　公司对飞行员的错误引导 A51-1　管理者不足 A51-2　管理人员工作负荷大 A52-1　航空公司安全意识差 A52-2　公司安全文化缺失 A53-1　标准操作程序缺失 A54-1　安全监督不到位 A54-2　风险管理不规范 A66-1　飞机不适航 A67-2　监管法规不完善 A68-2　风险管理缺失 A68-3　安全文化缺失 A69-1　安全总结缺失 A89-1　安全简报信息有误 A90-1　飞行员飞行时间表更新不及时 A91-1　未佩戴安全带 A96-1　运营人违规载人 A100-1　飞机适航证书不完整 A102-1　针对乘客的水下出口信息缺失 A124-1　水上飞机监管职责不清 A128-1　监管机构职责不明确 A130-1　公共水域使用规范缺失 A132-2　民航局与海事局缺乏行业协同

编号	范畴	概念内涵
19	应急监管机制	A8-2 针对紧急情况的飞行前决策与规划欠缺 A22-1 侧风应对程序不适用 A39-2 应急计划缺失 A49-1 缺乏飞行前决策和紧急情况规划 A84-1 紧急计划未启动
20	气象环境	A4-1 顺风 A20-1 侧风 A27-3 不利的风(阵风和侧风) A56-1 侧风 A63-1 雾霾 A63-2 积云 A63-3 能见度差 A70-1 风切变 A80-2 恶劣天气 A94-1 恶劣天气 A118-1 眩光 A127-3 风向
21	水文条件	A27-2 浪高过大 A47-2 退潮导致水位变化 A56-2 湍流 A61-1 水面条件不利 A94-2 波浪 A127-2 涌浪 A127-4 水流 A136-1 海流子(海底暗流) A137-1 涌浪
22	起降场环境复杂	A122-1 起降区域环境复杂 A126-1 起降区域环境复杂 A134-1 机场繁忙程度

编号	范畴	概念内涵
23	水上机场管理	A6-1　航道标记缺失 A27-1　航空气象服务信息缺失 A46-1　水上跑道布局不合理 A121-1　起降区域未明确标识 A123-1　水上机场建设缺乏标准 A132-1　水上机场管理缺乏统一观点
24	障碍物	A105-1　电线 A125-1　外来物侵入 A127-1　船只 A129-1　水下障碍物 A138-1　水面漂浮物 A139-1　高压线
25	飞机设计	A37-3　飞机拐弯角度设计 A119-1　飞机结构阻挡视线
26	飞机装备	A3-1　飞行装备配备不全 A23-1　未配备紧急定位发射机 A38-1　飞机装备配载缺失 A50-1　飞机装备配载不全 A55-1　飞机未配备失速警报系统 A64-1　救生设备数量不足 A72-2　飞机未配备失速警报系统
27	飞机配载	A16-1　飞机配载失衡 A21-1　飞机配载失衡 A36-1　飞机超重 A65-1　飞机超重 A92-3　飞机超重
28	飞机失控	A20-2　飞机失去控制 A65-1　飞机失速 A44-2　飞机偏离跑道

续表

编号	范畴	概念内涵
29	空管设备	A9-1 雷达信息丢失 A81-2 卫星通信丢失
30	跑道状况	A76-1 跑道性能差 A76-2 跑道条件不佳 A86-1 跑道可用起飞长度不足 A86-2 起飞路面凹陷
31	飞行前准备	A1-1 起飞路径不明确 A1-2 飞行前准备不足 A37-1 飞行前检查缺失 A80-1 飞行计划缺失 A109-1 检查清单缺失 A111-1 飞机预启动检查不完整 A87-1 飞行前沟通缺失 A141-1 飞行员飞行前检查
32	团队沟通	A97-1 飞行员缺乏与管制员的沟通 A103-2 机长缺乏与相关方的沟通 A133-1 公司指挥员与机长沟通失误
33	飞行员视觉	A5-1 飞行员视觉受阻

3.4.3 水上飞机起降安全风险因素的主轴式编码

(1) 水上飞机起降安全风险因素的主范畴

主轴式编码是扎根理论的第二阶段，通过对开放式译码得到的范畴不断地进行提炼和比较，将范畴与范畴进行合并和归类，得到指向更加明显的主要概念类属。该阶段与开放式译码最大的区别在于将范畴进行了关联，且梳理了范畴与范畴之间的逻辑关系。对开放式译码得到的 33 个范畴进行比较与归纳，得到机组人员因素、管制员因素、地面保障人员因素、航空器因素、设备技术因素、机

场环境因素、客观环境因素、日常监管因素、应急监管因素这9个
主范畴。主范畴译码的结果如表3-5所示。

表3-5　　　　　水上飞机起降安全风险因素主范畴

编号	主范畴	影响关系的范畴
1	机组人员因素	飞行员技能；飞行员失能；飞行员决策；飞行员身体素质；飞行员心理素质；飞行员经验；飞行员安全意识；飞行员情景意识；飞行员违规；机组资源管理不到位；飞行员视觉；飞行员疲劳
2	管制员因素	管制员工作疏忽；管制员工作负荷
3	地面保障人员因素	地面保障人员工作失误、地面保障人员工作环境
4	航空器因素	航空器故障；飞机设计；飞机配载；飞机失控
5	设备技术因素	空管设备；飞机装备
6	机场环境因素	跑道状况；障碍物；起降场环境复杂
7	客观环境因素	气象环境；水文条件
8	日常监管因素	培训管理；日常监管机制；水上机场管理
9	应急监管因素	应急监管机制；飞行前准备；团队沟通

（2）水上飞机起降安全风险因素主范畴的关系内涵

确定水上飞机起降安全风险因素的9个主范畴后，需要明确各
主范畴与次要范畴之间的关系内涵，具体的定义如表3-6所示。

表3-6　　　水上飞机起降安全风险因素主范畴的关系内涵

主范畴	关系内涵
机组人员因素	机组因素是影响两栖水上飞机起降安全风险的主要因素之一，飞行员技能、飞行员失能、飞行员决策、飞行员身体素质、飞行员心理素质、飞行员经验、飞行员安全意识、飞行员情景意识；飞行员违规、飞行员视觉、飞行员疲劳直接影响着起降安全。

续表

主范畴	关系内涵
管制员因素	在水上飞机起降的过程中需要管制员与飞行员的有效配合才能保障安全,管制员工作疏忽和工作负荷会导致飞行员信息获取不及时,增加了不安全事件发生的概率。
地面保障人员因素	地面保障人员是飞机运行过程中的后勤保障人员,其工作失误会给飞行带来安全隐患。
航空器因素	航空器是起降过程中的主体之一,航空器故障、飞机设计、配载均会对飞机失控产生影响,进而引发安全事故。
设备技术因素	设备技术在水上飞机起降的过程中必不可少,包括空管设备和飞机装备。
机场环境因素	机场是水上飞机起降的必经环节,其状况不良会增加两栖水上飞机起降安全的风险。
客观环境因素	客观环境因素对两栖水上飞机起降安全的影响不可控,气象环境、水文条件、起降场环境复杂均会威胁起降安全。
日常监管因素	日常管理涉及培训、日常监管机制建设、水上机场管理等因素。
应急监管因素	应急监管是水上飞机起降面临突发事件时有效较少损失的主要手段,应急监管机制不完善、飞行前准备不足、沟通欠缺均会对起降安全产生影响。

3.4.4 水上飞机起降安全风险因素的选择式编码

选择式编码的核心是选择出核心范畴和次要范畴,得到核心范畴与次要范畴之间的逻辑关系,并通过将核心范畴与次要范畴进行不断的比较以验证这种逻辑关系,证明核心范畴的统领性。对主轴式编码得到的水上飞机起降安全风险因素的主范畴进行选择性编码得到人员因素、设备设施因素、环境因素、管理因素四个核心范畴，具体如图 3-2 所示。

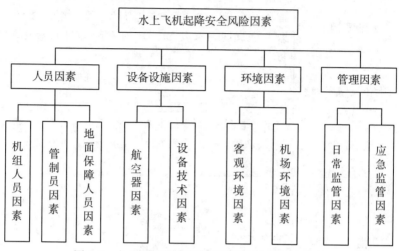

图 3-2　水上飞机起降安全风险因素的选择式编码

3.4.5　水上飞机起降安全风险因素的概念模型

扎根理论的最终目的是形成一套新的、具有科学性的概念和理论模型。通过对之前分析结果的归纳和总结，构建水上飞机起降安全风险的概念模型，完成扎根理论从具体到抽象，再到概念的整个研究流程。水上飞机起降安全风险因素概念模型如图3-3所示。

3.4.6　理论饱和度检验

为了保证研究的可靠性，需要对模型进行理论饱和度检验，即新收集的数据被涵盖在已有范畴内，不再形成新的范畴[215]。本书将剩下的 4 个受访者的访谈记录作为检验理论饱和度的数据，依次对其进行开放式编码、主轴式编码和选择式编码，未发现新的风险因素，证明得到的理论达到饱和。

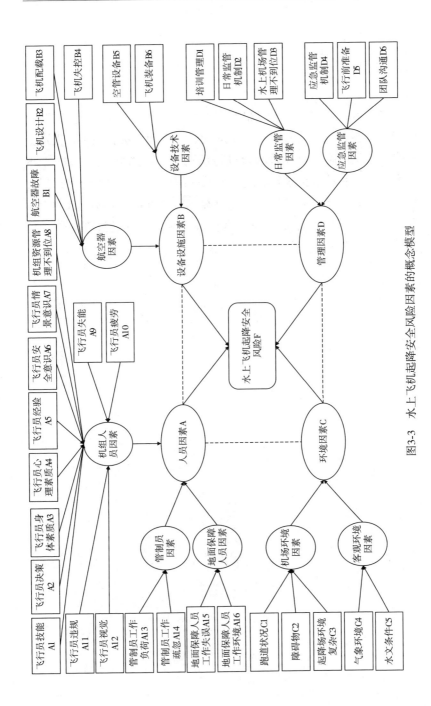

图3-3 水上飞机起降安全风险因素的概念模型

≣本章小结

　　本章首先介绍了水上飞机起降的特征，界定了起降安全风险中的三大主要表现形式，比较了不同的风险识别方法，采用扎根理论对水上飞机起降安全风险因素进行识别。运用扎根理论对 28 个事故案例报告和访谈记录资料进行开放式编码、主轴式编码和选择式编码，得到人员因素、设备设施因素、环境因素及管理因素四大类共计 33 个风险因素的起降安全风险概念模型，并通过理论饱和度检验对概念模型的有效性进行了验证。

第4章 水上飞机起降安全风险评价模型

4.1 模型的选择

事故树、事件树、bow-tie、贝叶斯网络等是广泛用于减少事故的风险和安全分析技术。与其他方法相比，贝叶斯网络模型在获取数据不准确、不完整或主观概率以及通过概率值处理不确定性方面具有很强的适用性。此外，贝叶斯网络可以执行概率更新和顺序学习，可以用于进行时间维度的风险分析。由于水上飞机起降的事故报告中很多原始数据不完整，且水上飞机起降是一个动态过程，其安全风险因素也会呈现动态变化，因此本书选择贝叶斯网络开展水上飞机起降安全风险评价的研究。

本章在第3章风险因素概念模型的基础上，根据历史数据和专家意见从人—机—环—管四个方面对风险因素进行进一步细化，并构建一个包括4个二级指标和18个三级指标的水上飞机起降安全风险评价指标体系。统计分析、专家访谈和德尔菲法被运用于筛选指标体系和构建贝叶斯网络模型。

(1)统计分析

官方事故报告在风险因素分析中起着至关重要的作用，因为报告由事故调查委员会编写，通常提供关于事故原因和结果的有价值的详细信息[22]。我们从政府网站收集并分析了 2010—2016 年共 28 份水上飞机事故报告（https：//www. ntsb. gov/investigations/AccidentReports/Pages/aviation. aspx）。事故统计表明，碰撞是水上飞机运行中最典型的事故类型。

（2）专家访谈

专家访谈的目的是从水上飞机操作实践中获得风险因素。在本书中，我们设计了一系列问题，并采访了 5 位具有不同背景的水上飞机研究和实践经验的专家，如下所示：

专家 1：航空安全管理方面的学术专家。

专家 2：船舶航行安全方面的学术专家。

专家 3：一位来自中国通用航空行业的安全经理，他调查了美国和加拿大目前水上飞机的发展情况。

专家 4：来自中国通用航空行业的经验丰富的水上飞机飞行员。

专家 5：来自中国通用航空行业的技术经理。

（3）德尔菲法

本书基于统计分析、文献综述和专家访谈确定的风险因素，构建了一个粗略的指标体系。然而，并非所有指标都很重要。有必要筛选指标并获得令人信服的指标体系。在这里，我们使用德尔菲法（Delphi Method）来筛选指标体系，德尔菲法被认为是一种流行的定性分析技术。德尔菲法（Delphi Method）是 20 世纪 50 年代提出的一种专家意见调查方法[23]，是一种系统的、互动的研究方法，用于获取专家组对特定主题的意见。在该方法中，选定的专家被要求参加两轮或两轮以上的结构化调查。匿名响应、迭代和受控反馈以及统计组响应是德尔菲方法的主要特征。

上述"专家访谈"中提到的 5 位专家因其经验和知识而被邀请参加问卷调查。本书进行了两轮结构化调查。第一轮旨在根据专家意见筛选初步指标。第二轮是根据专家评分计算指标的重要程度，进而筛选指标。水上飞机运行安全风险评估的专家评定量表采用李克特五点量表，其中 5 表示最重要，4 表示重要，3 表示一般重要，2 表示不太重要，1 表示不重要。算术平均值 N_j 和变异系数值 v_s 是筛选指标的主要标准。

$$N_j = \left(\sum_{i=1}^{n_j} X_{ij} \right) \Big/ n_j \tag{4-1}$$

其中，N_j 是第 j 个指标的算术平均值，n_j 代表参与评价指标 j 的专家数，X_{ij} 表示第 i 个专家对第 j 个指标的评分值。N_j 值越大表示该指标越重要。

$$v_s = \sqrt{ \sum_{i=1}^{n_j} (X_{ij} - N_j)^2 \Big/ n_j } \Big/ N_j \tag{4-2}$$

其中，v_s 表示第 j 个指标的变异系数值，反映了专家评价结果的相对离散程度，v_s 值越小表示该指标的收敛性越好。

根据专家意见，本书将 $N_j \geqslant 3.5$ 和 $v_s \leqslant 0.4$ 作为筛选指标的标准。

(4) 贝叶斯网络

贝叶斯网络是一种广泛使用的复杂系统建模工具，尤其是在缺乏可访问数据的情况下。另外，作为一种概率推理方法，它的优势在于使用概率论来处理不确定性。本书选择贝叶斯网络模型来评估水上飞机起降安全风险，因为该风险评估工作需要从不完整、不准确或不确定的知识和信息中进行推断。

结合概率论和图论，BN 是一个有向无环图（DAG），包括一定数量的节点和边。DAG 反映了节点之间的因果依赖和因果推理。对于连接两个节点的边，其起点节点称为父节点，其终点节点称为子节点。例如，如果存在从 X_2 到 X_4 的边，则 X_2 是父节点，X_4 是子节点。边仅从其开始的节点称为根节点，这意味着根节点不能被视为任何边的子节点。根节点呈现在先验概率表中。其余节点具有其条件概率分布，并在条件概率表中呈现。父节点的概率会影响其子节点的条件概率。

81

在贝叶斯网络中，网络结构可视为模型的定性部分，而概率参数表示模型的定量方面。基于条件独立性和链式规则的一组随机变量的联合概率分布如下：

$$P(U) = \prod_{i=1}^{n-1}(x_i \mid x_{i+1} \quad \cdots \quad x_n) = \prod_{i=1}^{n}\left[x_i \mid P_a(x_i)\right] \quad (4\text{-}3)$$

其中，$P(U)$ 表示联合概率分布，$P_a(x_i)$ 表示变量 x_i 的父节点集合。

DAG 代表贝叶斯网络的定性关系。条件概率表（CPT）用于描述离散随机变量在 DAG 中的定量关系。贝叶斯理论是贝叶斯网络的基础，可以表示为：

$$P(V \mid \theta) = \frac{P(\theta \mid V)P(V)}{P(\theta)} \quad (4\text{-}4)$$

其中，θ 表示证据，$P(V)$ 表示不考虑任何证据下的先验概率，$P(V \mid \theta)$ 表示给定证据 θ 时，事件 V 发生的后验概率，$P(\theta \mid V)$ 指条件概率反映证据真实的可能性，$P(\theta)$ 表示归一化因子。

4.2　水上飞机起降安全风险评价贝叶斯网络模型

4.2.1　指标体系的构建和筛选

根据历史数据和专家意见对风险因素概念模型进行细化，共得到 30 个风险因素。根据指标构建科学性、系统性、针对性和实践性的原则，构建水上飞机起降安全风险指标体系，得到一个包括 4 个二级指标和 30 个三级指标的风险指标体系，然后采用德尔菲法对其进行筛选，结果如表 4-1 所示。备注栏中的星号表示该指标满足 $N_j \geq 3.5$ 和 $v_s \leq 0.4$ 的标准，空白表示该指标不满足要求要删除。经过筛选，最终 18 个三级指标被保留用于构建贝叶斯网络模型，其余的被删除。

表 4-1 水上飞机起降安全风险指标体系

一级指标	二级指标	三级指标	算术平均值	变异系数	备注
水上飞机起降安全风险	飞行员因素	技能不合格率	4.6	0.17	＊
		缺乏飞行经验	5	0.00	＊
		违章操作率	4.8	0.08	＊
		操作失误率	4.2	0.28	＊
		超时飞行数	3.4	0.14	
		心理障碍程度	4.6	0.11	＊
	航空器因素	性能缺陷等级	4.2	0.18	＊
		机械故障率	4.2	0.18	＊
		维修失误率	4.4	0.18	＊
		超载事故频率	3.4	0.14	
		重量失衡频率	4.4	0.18	＊
	环境因素	横风/斜流威胁等级	4.4	0.11	＊
		风浪/涌浪威胁等级	4.8	0.08	＊
		能见度	3.6	0.33	＊
		飞行过程中天气变化次数	3.4	0.24	
		起将区域的环境复杂程度	4.2	0.10	＊
		跑到布局不当	2.6	0.39	
		航道的模糊度	3.2	0.23	
		交通流	2.2	0.45	
		低空监管失误次数	2.8	0.47	
		航道侵入次数	2.6	0.39	
		鸟害程度	2.8	0.42	
		法律法规不适用程度	2.8	0.27	
	管理因素	监管失误率	3.2	0.23	
		制度缺失率	3.6	0.22	＊
		管理失误率	3.8	0.20	＊
		沟通失真率	4.2	0.10	＊
		部门冲突的频率和强度	3.2	0.23	
		运行指挥失误率	4.0	0.22	＊
		应急处置不当的次数	4.6	0.17	＊

4.2.2　贝叶斯网络模型构建

贝叶斯网络的构造涉及结构和参数两个方面。贝叶斯网络的结构可通过三种方法获得：手动、自动或两者结合。本书根据三级指标体系，手工获取结构。贝叶斯网络参数由先验概率表(PPT)和条件概率表(CPT)组成。我们利用专家经验和参数学习算法期望最大化(EM)。本书运用 Hugin 8.4 软件建立贝叶斯网络模型。

首先我们需要弄清楚 BN 结构。由于上述指标体系中的风险因素分类相对独立，风险因素是逐层绘制的，这意味着同一类别中的因素之间的相关性强于第三级别中的因素间的相关性。因此，在构建 BN 结构时，本书未考虑第三级因素之间可能存在的弱相关性。贝叶斯网络结构如图 4-1 所示。

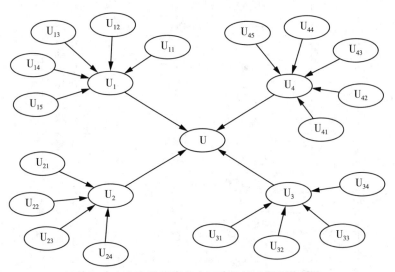

图 4-1　水上飞机起降安全风险的贝叶斯网络结构

该贝叶斯网络结构包括 18 个根节点、4 个中间节点和 1 个叶节点。叶节点 U 表示水上飞机事故，有三种状态：轻微、严重、破坏，它们描述了事故的严重程度。水上飞机事故主要通过四个方面的措施来预防：飞行员(U_1)、飞机(U_2)、环境(U_3)和管理

（U_4）。每个度量都有两种状态，"yes"和"no"，其中"yes"表示度量有效，"no"表示失败。这些措施包括预防基本风险事件（U_{11}、U_{12}、…、U_{45}）。这些事件由具有两个状态的根节点表示，其中"yes"表示风险事件发生，"no"表示安全。

基于上述结构，通过两步获得 BN 参数。首先，PPT 和 CPT 由上一节中提到的 5 位专家直接引出。问题范围、引出过程和 BN 的基本理论被详细介绍给每位专家，以确保他们理解该过程的目标。最后就 BN 参数达成了共识。第二步是参数学习。我们采用随机统计方法从航空安全网络数据库中收集 2010—2016 年 110 起水上飞机事故的信息，其中包括上一节中提到的报告中的 28 起事故。在110 起事故中，87 起被输入参数学习算法 EM，以获得最终 PPT 和 CPT（其余 23 起用于第 3.4 节中的验证测试）。应该注意，没有第一步，参数学习也可以工作。然而，第一步的专家经验为参数学习提供了先验知识，从而使贝叶斯网络模型更加准确和实用。

确定的贝叶斯网络如图 4-2 所示。由图可知，轻微事故（0.4847）或破坏事故（0.3380）的发生概率大于重大事故（0.1773）。至于导致事故的风险因素，飞机因素起着最重要的作用，其发生概率为 0.3551，其次是飞行员因素，其发生率为 0.2385，环境因素为 0.2000，管理因素为 0.0682，这符合航空飞机事故风险因素研究。

4.2.3 模型的有效性检验

110 起事故中剩余的 23 起事故被用于检验模型的有效性。在总事故数据和测试数据中，17%的所需数据缺失，即对于每个事故案例，贝叶斯网络模型中平均 17%的节点具有未知状态。这主要是由于事故报告中没有包括一些风险因素。与 Sheehan 等人（2019年）采用的验证过程类似，对 23 个事故案例中的每一个都进行了样本外测试，其中使用构建的贝叶斯网络模型预测事故严重程度。假设预测严重性级别是以最高概率预测的状态。10 个案例的测试结果如表 4-2 所示。预测状态与每个事故案例的实际状态进行比较。在 23 起事故中，有 22 起准确预测，准确率接近 95%。

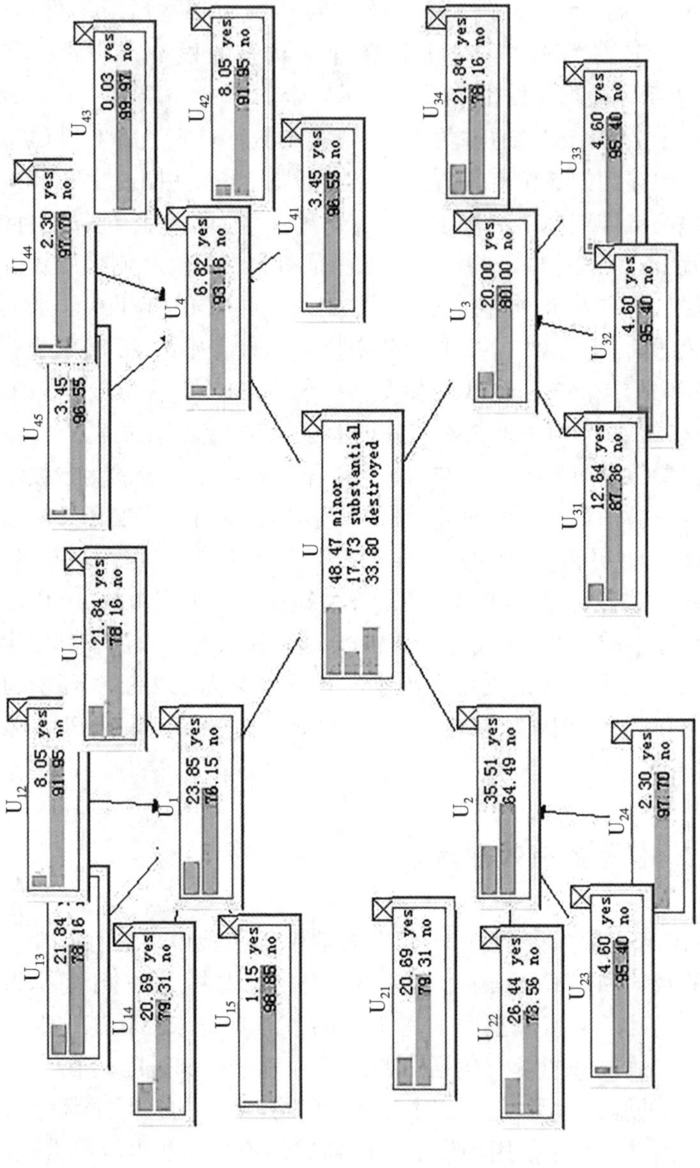

图4-2　水上飞机运行安全风险评价的贝叶斯网络模型

表 4-2　10 起事故的样本外测试结果

case	U_1	U_{11}	U_{12}	U_{13}	U_{14}	U_{15}	U_2	U_{21}	U_{22}	U_{23}	U_{24}	U_3	U_{31}	U_{32}
							Test Data							
1	N/A	yes	no	no	yes	no	N/A	yes	no	no	no	N/A	no	no
2	N/A	no	no	no	no	no	N/A	no	no	no	no	N/A	yes	no
3	N/A	no	yes	no	no	no	N/A	no	no	no	no	N/A	no	no
4	N/A	no	no	no	no	no	N/A	no	no	yes	no	N/A	no	no
5	N/A	no	no	no	yes	no	N/A	no	no	no	no	N/A	no	no
6	N/A	no	no	yes	no	no	N/A	yes	no	yes	no	N/A	no	no
7	N/A	no	no	no	no	no	N/A	no	yes	no	no	N/A	no	yes
8	N/A	yes	no	no	no	no	N/A	no	no	no	no	N/A	no	no
9	N/A	no	no	yes	no	no	N/A	no	yes	no	no	N/A	no	no
10	N/A	no	no	no	no	no	N/A	no	yes	no	no	N/A	no	no

续表

	Test Data								Validation Data			
case	U_{33}	U_{34}	U_4	U_{41}	U_{42}	U_{43}	U_{44}	U_{45}	actual U	prediction probability		
										minor	substantial	destroyed
1	no	yes	N/A	no	no	no	yes	no	destroyed	0.1509	0.1711	0.6780
2	no	no	N/A	no	no	yes	no	no	destroyed	0.2722	0.2133	0.5144
3	no	yes	N/A	no	no	no	no	no	destroyed	0.3071	0.2088	0.4841
4	no	no	N/A	no	no	no	no	no	minor	0.5844	0.1767	0.2389
5	no	no	N/A	no	no	no	no	no	substantial	0.2769	0.6085	0.1146
6	no	no	N/A	no	no	no	no	no	minor	0.5844	0.1767	0.2389
7	no	no	N/A	no	no	no	no	no	substantial	0.2102	0.3864	0.4052
8	no	no	N/A	no	no	no	no	no	minor	0.4278	0.2336	0.2386
9	no	no	N/A	no	no	no	no	no	minor	0.6222	0.1118	0.2660
10	no	no	N/A	no	no	yes	no	no	destroyed	0.3240	0.2241	0.4519

4.3 贝叶斯网络模型的应用

诊断推理和敏感性分析可用于分析导致事故的风险因素之间的因果关系，以及从飞行员、飞机、环境和管理类别中识别关键风险因素。

4.3.1 诊断推理

贝叶斯网络模型可用于在发生时诊断最可能的风险因素。在本节中，我们分析了以下两种情况：当发生不同严重程度的事故时，以及当不同类别的措施失败时。此处使用变化率指数来表示给定结果如何影响风险因素的发生概率。其计算公式如下：

$$\text{Change rate} = \frac{\text{Posterior probability} - \text{Prior probability}}{\text{Prior probability}} \times 100\%$$

我们采用实际值而不是绝对值。因此，正的变化率表示风险因素发生的可能性增加，而负的变化率则表示发现证据时风险因素的可能性降低。

对于第一种情况，将水上飞机事故的状态(U)分别设置为"轻微""严重"和"破坏"，以观察所有其他节点的状态"yes"的发生概率，如表4-3所示。

表4-3 节点的概率分布

Node	Prior probability P(state=Yes)	Posterior probability and change rate P(state=Yes)					
		Minor	Change Rate(%)	Substantial	Change Rate(%)	Destroyed	Change Rate(%)
U_1	0.2385	0.0801	-66.42	0.2513	5.37	0.4589	92.41
U_{11}	0.2184	0.1896	-13.19	0.2207	1.05	0.2585	18.36
U_{12}	0.0805	0.0674	-16.27	0.0815	1.24	0.0986	22.48

续表

Node	Prior probability P(state=Yes)	Posterior probability and change rate P(state=Yes)					
		Minor	Change Rate(%)	Substantial	Change Rate(%)	Destroyed	Change Rate(%)
U_{13}	0.2184	0.1773	−18.82	0.2217	1.51	0.2756	26.19
U_{14}	0.2069	0.1601	−22.62	0.2107	1.84	0.2720	31.46
U_{15}	0.0115	0.0068	−40.87	0.0119	3.48	0.0180	56.52
U_2	0.3551	0.1748	−50.77	0.4756	33.93	0.5506	55.05
U_{21}	0.2069	0.1389	−32.87	0.2523	21.94	0.2806	35.62
U_{22}	0.2644	0.1650	−37.59	0.3308	25.11	0.3721	40.73
U_{23}	0.0460	0.0346	−24.78	0.0535	16.30	0.0583	26.74
U_{24}	0.0230	0.0166	−27.83	0.0273	18.70	0.0299	30.00
U_3	0.2000	0.1096	−45.20	0.2863	43.15	0.2844	42.20
U_{31}	0.1264	0.1059	−16.22	0.1460	15.51	0.1456	15.19
U_{32}	0.0460	0.0384	−16.52	0.0532	15.65	0.0530	15.21
U_{33}	0.0460	0.0331	−28.04	0.0582	26.52	0.0580	26.08
U_{34}	0.2184	0.1753	−19.73	0.2596	18.86	0.2586	18.40
U_4	0.0682	0.0233	−65.84	0.0827	21.26	0.1251	83.43
U_{41}	0.0345	0.0303	−12.17	0.0358	3.77	0.0397	15.07
U_{42}	0.0805	0.0660	−18.01	0.0851	5.71	0.0988	22.73
U_{43}	0.0003	0.0002	−33.33	0.0003	0.00	0.0003	0.00
U_{44}	0.0230	0.0157	−31.74	0.0253	10.00	0.0322	40.00
U_{45}	0.0345	0.0224	−35.07	0.0384	11.30	0.0497	44.06

由表4-3可知,导致事故的风险因素的可能性顺序是:环境因素(U_3)>航空器因素(U_2)>管理因素(U_4)>飞行员因素(U_1)。然而,在被毁事故中,顺序完全相反:飞行员因素(U_1)>管理因素

（U_4）>航空器因素（U_2）>环境因素（U_3）。至于变化率，在轻微事故中，制度缺失（U_{41}）、技能不合格率（U_{11}）和横风/斜流威胁（U_{31}）的变化率大于其他风险因素的变化率。另一方面，能见度（U_{33}）、机械故障率（U_{22}）、飞机性能缺陷（U_{21}）和起降场环境复杂性（U_{34}）在重大事故中更为突出。心理障碍（U_{15}）、应急处置不当次数（U_{45}）、机械故障率（U_{22}）和运行指挥失误率（U_{44}）是造成破坏事故的风险因素。

对于第二种情况，将飞行员风险（U_1）、航空器风险（U_2）、环境风险（U_3）和管理风险（U_4）的状态分别设置为"是"和"否"。

（1）飞行员因素的诊断推理

表 4-4 说明了在飞行员风险发生的假设下，风险因素的发生概率。由该表可知，随着 U_1 概率的小幅度增加，U_{15} 的发生概率增加最多，这意味着心理障碍是飞行员风险的关键风险因素。

表 4-4　　　　　　　　　　　飞行员因素的诊断推理

Factor Description	Prior Probability	Posterior Probability	Change Rate(%)
U_{11}	0.2184	0.3569	63.42
U_{12}	0.0805	0.1432	77.89
U_{13}	0.2184	0.4161	90.52
U_{14}	0.2069	0.4319	108.75
U_{15}	0.0115	0.0340	195.65

（2）航空器因素的诊断推理

表 4-5 说明了在飞机风险发生的假设下，风险因素的概率。航空器三级指标的后验概率快速增加，其中机械故障率（U_{21}）和性能缺陷程度（U_{22}）的变化率排在前面，这意味着它们是主要风险因素。

91

表 4-5 航空器因素的诊断推理

Factor Description	Prior Probability	Posterior Probability	Change Rate(%)
U_{21}	0.2069	0.4501	117.54
U_{22}	0.2644	0.6198	134.42
U_{23}	0.0460	0.0865	88.04
U_{24}	0.0230	0.0459	99.57

(3) 环境因素的诊断推理

环境因素的诊断推断结果如表 4-6 所示。当环境风险出现时，所有风险因素的概率变化率大于 100%，说明所有风险因素都对环境风险有显著影响，能见度(U_{34})是关键因素。

表 4-6 环境因素的诊断推理

Factor Description	Prior Probability	Posterior Probability	Change Rate%
U_{31}	0.1264	0.3079	143.59
U_{32}	0.0460	0.1129	145.43
U_{33}	0.0460	0.1595	246.74
U_{34}	0.2184	0.5999	174.68

(4) 管理因素的诊断推理

导致管理风险的风险因素的概率分布如表 4-7 所示。当存在管理风险时，不当应急处置次数的变化率(U_{45})最高，为 724.35%，这意味着它是管理风险最重要的风险因素。

表 4-7 管理因素的诊断推理

Factor Description	Prior Probability	Posterior Probability	Change Rate%
U_{41}	0.0345	0.1205	249.28

续表

Factor Description	Prior Probability	Posterior Probability	Change Rate%
U_{42}	0.0805	0.3800	372.05
U_{43}	0.0003	0.0014	366.67
U_{44}	0.0230	0.1744	658.26
U_{45}	0.0345	0.2844	724.35

4.3.2 敏感性分析

在本节中，BN 模型用于识别导致水上飞机事故的最重要风险因素。节点 U_i 对节点 U（顶部事件）的灵敏度值计算如下：

$$\text{Sensitivity value} = |P(U=\text{state}_i \mid U_i=yes) - P(U=\text{state}_i \mid U_i=no)|$$

由于没有统一的标准来判断每一个风险因素造成的百分比变化，百分比变化是根据其他风险因素主观判断的。判断结果与决策者高度相关。然而，通过选择相对重要的风险因素，决策者可以制定有效的措施来预防事故。

在第一种情况下，可通过敏感性分析确定各种风险因素对水上飞机运行安全的影响，如图 4-8 所示。在轻微事故中，飞行员因素（U_1）、航空器因素（U_2）和管理因素（U_4）的敏感性值大于环境因素（U_3）的敏感性。机械故障率（U_{22}）、飞机性能缺陷程度（U_{21}）、飞行员心理障碍（U_{15}）、应急处置不当次数（U_{45}）、操作指挥错误（U_{44}）和能见度（U_{33}）等风险因素对轻微事故也很敏感。航空器因素（U_2）和环境因素（U_3），包括机械故障率（U_{22}）、能见度（U_{33}）和飞机性能缺陷程度（U_{21}）对重大事故更为敏感。飞行员因素（U_1）、管理因素（U_4）和航空器因素（U_2）与环境因素（U_3）相比，对破坏事故更为敏感，突出了心理障碍（U_{15}）、机械故障率（U_{22}）、应急处置不当次数（U_{45}）和性能缺陷程度（U_{21}）的敏感度值。敏感性分析的结果在一定程度上验证了诊断推理结果，但对轻微事故风险因素的敏感性分析与诊断推理之间存在较大差异。

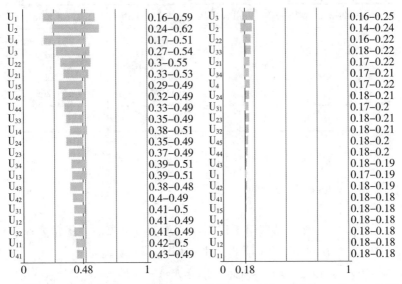

U_1		0.16–0.59	U_3		0.16–0.25
U_2		0.24–0.62	U_2		0.14–0.24
U_4		0.17–0.51	U_{22}		0.16–0.22
U_3		0.27–0.54	U_{33}		0.18–0.22
U_{22}		0.3–0.55	U_{21}		0.17–0.22
U_{21}		0.33–0.53	U_{34}		0.17–0.21
U_{15}		0.29–0.49	U_4		0.17–0.22
U_{45}		0.32–0.49	U_{24}		0.18–0.21
U_{44}		0.33–0.49	U_{31}		0.17–0.2
U_{33}		0.35–0.49	U_{23}		0.18–0.21
U_{14}		0.38–0.51	U_{32}		0.18–0.21
U_{24}		0.35–0.49	U_{45}		0.18–0.2
U_{23}		0.37–0.49	U_{44}		0.18–0.2
U_{34}		0.39–0.51	U_{43}		0.18–0.19
U_{13}		0.39–0.51	U_1		0.17–0.19
U_{43}		0.38–0.48	U_{42}		0.18–0.19
U_{42}		0.4–0.49	U_{41}		0.18–0.18
U_{31}		0.41–0.5	U_{15}		0.18–0.18
U_{12}		0.41–0.49	U_{14}		0.18–0.18
U_{32}		0.41–0.49	U_{13}		0.18–0.18
U_{11}		0.42–0.5	U_{12}		0.18–0.18
U_{41}		0.43–0.49	U_{11}		0.18–0.18

0　　　0.48　　　1　　　　　　0　0.18　　　　　　1

（a）The sensitivity of U（state＝"minor"）　（b）The sensitivity of U（state＝"substantial"）

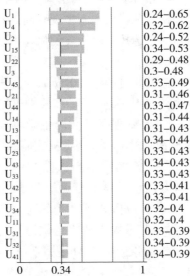

U_1		0.24–0.65
U_4		0.32–0.62
U_2		0.24–0.52
U_{15}		0.34–0.53
U_{22}		0.29–0.48
U_3		0.3–0.48
U_{45}		0.33–0.49
U_{21}		0.31–0.46
U_{44}		0.33–0.47
U_{14}		0.31–0.44
U_{13}		0.31–0.43
U_{24}		0.34–0.44
U_{23}		0.33–0.43
U_{43}		0.34–0.43
U_{33}		0.33–0.43
U_{42}		0.33–0.41
U_{12}		0.33–0.41
U_{34}		0.32–0.4
U_{11}		0.32–0.4
U_{31}		0.33–0.39
U_{32}		0.34–0.39
U_{41}		0.34–0.39

0　　　　0.34　　　　1

（c）The sensitivity of U（state＝"destroyed"）

图 4-3　风险因素敏感性分析结果

（1）飞行员因素敏感性分析

对飞行员因素的敏感性进行分析表明，心理障碍的敏感性值排名第一为 0.47，其次是操作错误率 0.33，违章操作率 0.27。低空飞行经验的敏感性值为 0.2，接近技能不合格率的敏感性值 0.19。结果与诊断推断一致，这证明了飞行员的关键风险因素。

（2）航空器因素敏感性分析

灵敏度分析结果表明，机械故障率是飞机因素中最敏感的因素，灵敏度值为 0.65，其次是性能缺陷等级 0.52，重量失衡频率 0.36，维修误差率的灵敏度为 0.33。

（3）环境因素敏感性分析

环境因素的敏感度分析结果表明，能见度的灵敏度最高为 0.51，其次是起降场环境的复杂性为 0.45，横风/斜流威胁和风浪/涌浪威胁的灵敏度值分别为 0.33 和 0.30。

（4）管理因素敏感性分析

灵敏度分析结果表明，不当应急处置次数的灵敏度值最大为 0.51，其次是 0.46 的操作指挥失误。通信失真和管理失误的灵敏度值分别为 0.31 和 0.27，制度缺失的最小灵敏度为 0.18。

综上可知，心理障碍、机械故障、能见度及不当的应急处置是影响水上飞机事故最主要的风险因素，水上飞机通航企业和监管部门可以采取措施从控制上述因素着手来降低水上飞机事故发生率。

📚 本章小结

本书采用贝叶斯网络方法对水上飞机起降过程的安全风险进行评估。在构建贝叶斯网络模型之前，通过历史数据、文献综述、专家访谈和德尔菲法，识别并筛选了导致水上飞机事故的主要风险因素。得到了由 4 个二级指标和 18 个三级指标组成的指标体系，这有助于构建贝叶斯网络模型的结构。BN 模型的参数由专家经验和 87 个事故案例的参数学习确定。23 个事故案例的样本外验证测试表明，BN 模型能够以 95% 的准确度预测事故严重程度。然后应用验证后的 BN 模型对各种场景进行诊断推理和灵敏度分析。研究发现，水上飞机起降的四个关键的风险因素是心理障碍、机械故障、能见度和应急处置不当。它为采取适当的预防和缓解措施提供了预警，以提高水上飞机运行过程的整体安全性。

第5章　水上飞机起降安全风险
因素作用机理

5.1　风险因素作用机理的研究设计

　　现有研究为本书的研究奠定了基础，然而也存在一定的局限：第一，现有研究只分析了水上飞机起降过程中与船舶的碰撞，未见针对其他起降安全事故开展的研究，且现有研究只分析了水上起降的安全风险因素，未考虑水上飞机陆上起降及水陆间转换的风险因素，得到的风险因素不全面；第二，少数学者对影响水上飞机起降安全的风险因素间的作用关系进行了研究，然而关于风险因素对水上飞机起降安全作用路径的探讨仍有待加深。

　　结构方程模型是实证研究中一种用于多元数据分析常用的研究方法，对变量间的路径分析方面具有优势，能够估计变量间的结构和关系，验证因素间的因果关系，适用于本研究的范畴。因此，本书采用结构方程模型来探究水上飞机起降安全风险因素间的作用机理。

5.1.1　研究假设

　　为了分析影响水上飞机起降安全风险的主导因子，验证对其具有影响的风险源，并探讨这些风险因素对起降安全风险的作用路径，本书基于前文提出的水上飞机起降安全风险因素概念模型(图3-3)，假设影响水上飞机起降安全风险的主导因子包括人员因素、设备设施因素、环境因素、管理因素四类，均对起降安全风险具有显著地影响且相互间存在显著的相关关系。翁建军与周阳从人—机—环—管四个方面归纳了水上飞机与船舶碰撞的风险因素，其中飞行时长、操作水平、应急避让水平、疲劳程度、心理因素五个方面是人员风险因素，航空器性能和装载情况是主要的机器因素，横风斜流、风浪涌浪、能见距离、航道布局、起降水域布置、起降导航标志等是主要的环境因素，法规、现场监管、应急处置等是主要的管理因素[69]。Guo 等人从人员、设备设施、环境、管理四个方面构建了水上飞机起降安全的风险指标体系，认为技能水平、健康状况、飞行经验、应变能力、起降水域的监视情况等因素是主要的人员风险因素，水上飞机装备、维修等是设备设施因素，交通环境和自然环境是主要的环境因素，法规、监管、沟通、安全管理等是管理风险的主要来源[74]。张攀科和罗帆的研究指出，在水上飞机起降的过程中人员安全意识缺乏、技能不达标、飞行员应对突发事件能力不足、检修失误、违章操作、塔台指挥无效、风浪涌浪超限、能见度不足、横风斜流、航道标志缺失、航道布局、飞机性能缺陷、配重失衡、沟通不畅、制度缺乏等是主要的风险因素[75]。鉴于此，本书提出以下假设：

假设1：人为因素对起降安全风险具有显著影响；

假设2：设备设施因素对起降安全风险具有显著影响；

假设3：环境因素对起降安全风险具有显著影响；

假设4：管理因素对起降安全风险具有显著影响。

(1) 人员因素

第3章在进行风险因素识别时对大量的水上飞机起降安全事故报告进行了分析，结果显示人是导致安全事故产生的最主要原因。水上飞机起降过程中参与的人员众多包括飞行员、管制员、机务维修人员、场务保障人员等，这些人员的不安全行为会影响水上飞机的起降安全。在水上飞机起降过程中飞行员是直接参与操作的人员，其不安全行为将直接威胁到起降安全，飞行员的不安全行为主要包括技能不合格、操作失误、违章、失能、决策失误等，此外飞行员视觉障碍、情景意识差、安全意识差、机组资源管理不到位、身体素质、心理素质、疲劳、飞行经验等因素均会对其不安全行为产生影响。管制员的不安全行为主要体现在工作疏忽，工作负荷大是我国管制员的普遍问题会对其不安全行为产生影响。其他人员的不安全行为主要表现在工作失误，因为其他人员的工作环境相对恶劣。归纳起来影响水上飞机起降安全的人员风险因素包括 16 种。鉴于此，本书提出以下假设：

假设 1-1：16 种人员风险因素是影响水上飞机起降安全的主要风险源；

假设 1-2：16 种人员风险因素对人员因素的作用路径显著。

（2）设备设施因素

设备设施的不安全状态会对安全产生威胁，本书中设备设施因素主要包括航空器因素和设备技术因素。其中，航空器的不安全状态表现为航空器故障、设计缺陷、配载失衡、失控；设备技术因素主要包括空管设备失灵、飞机装备不齐全。这些设备设施因素均会对水上飞机起降安全产生影响。本书提出以下假设：

假设 2-1：6 种设备设施风险因素是影响水上飞机起降安全的主要风险源；

假设 2-2：6 种设备设施风险因素对设备设施因素的作用路径显著。

（3）环境因素

环境的不安全因素和物的不安全状态均会对人的不安全行为产生影响进而引发不安全事件。水上飞机起降过程中涉及的环境因素主要包括水上机场环境因素和客观环境因素两大类，其中机场环境因素中水上跑道的状况不佳、障碍物、起降场环境复杂是主要的影响因素；客观环境因素中气象环境和水文环境是会对起降安全产生影响的方面。本书提出以下假设：

假设 3-1：5 种环境风险因素是影响水上飞机起降安全的主要

99

风险源；

假设3-2：5种环境风险因素对环境因素的作用路径显著。

（4）管理因素

管理贯穿于整个安全生产过程之中，管理缺陷是安全生产的隐患，会间接影响人的行为进而导致安全事故产生。在水上飞机起降的过程中主要涉及两类管理因素，即日常管理及应急管理，这两类管理因素的缺陷会对水上飞机起降产生安全隐患。其中日常管理缺陷主要体现在飞行员的培训不足、日常监管机制不完善及水上机场管理不到位；应急管理缺陷主要表现在应急监管机制不完善、飞行前准备不足及团队沟通缺失。本书提出以下假设：

假设4-1：6种管理风险因素是影响水上飞机起降安全的主要风险源；

假设4-2：6种管理风险因素对管理因素的作用路径显著。

众所周知，风险事件的产生往往都是由多种风险因素共同作用的后果，通过对前文事故报告的分析也可知，由单一因素引发的事故较少，多数事故是由因素间的相互作用而产生的，人的不安全行为、设备设施的不安全状态、环境的不安全因素及管理缺陷会共同对水上飞机起降安全产生影响，据此本书提出如下假设：

假设5：人员因素、设备设施因素、环境因素、管理因素及起降安全风险之间存在显著的相关关系；

假设5-1：人员因素、设备设施因素、环境因素、管理因素所包含的33个风险因素之间存在显著的相关关系。

5.1.2　问卷设计

问卷以起降安全风险概念模型中所列的33个风险因素作为人员因素、设备设施因素、环境因素和管理因素的题项，其中人员因素包括16个题项（A_1—A_{16}）、设备设施因素包括6个题项（B_1—B_6）、环境因素包括5个题项（C_1—C_5）、管理因素包括6个题项（D_1—D_6），采用李克特五点量表作为题项的评价标准，通过受访者的认同程度来反映风险因素对对应概念的影响水平。风险是可能性与严重性的组合,本书根据这两个方面设计了量表用于测量水上飞机起降安全风险,通过对这两个题项的认同程度来反映起降安全风险水平,两个题项(F_1 和 F_2)分别为"水上飞机起降过程中经常会发生不安全事件""这些不安全事件往往会带来较严重的后果",采用李克特五点量表评价标准,1 表示非常不同意、2 表示不同意、3 表示中立、4 表示同意、5 表示非常同意。问卷设计好后征询了相关领域专家的意见,对其部分描述进行适当修改并通过小规模预调查证明调查问卷具有较好的信效度。

5.2 水上飞机起降安全风险因素筛选

5.2.1 数据收集

本次问卷调查的对象主要是我国开展水上飞机业务的通航企业、通用航空器研发单位及从事水上飞机相关研究的机构。由于水上飞机业务在我国处于起步阶段,了解该领域的相关人员相对较少,因此本研究总共只发放了 200 份问卷,回收 175 份,其中有效问卷 163 份,问卷的回收率为 87.50%、有效率为 93.14%。调查问卷的基本信息如表 5-1 所示。

表 5-1 问卷统计基本信息

基本信息		人数	所占比例
性别	男	122	74.85%
	女	41	25.15%
年龄	20 岁及以下	2	1.23%
	20~29 岁	72	44.17%
	30~39 岁	44	26.99%
	40~49 岁	32	19.63%
	50 岁及以上	13	7.98%

续表

基本信息		人数	所占比例
婚姻状况	已婚	90	55.21%
	未婚	73	44.79%
文化程度	初中及以下	8	4.91%
	高中/中专	21	12.88%
	大专	26	15.95%
	本科	95	58.28%
	研究生及以上	13	7.98%
所在单位类别	通航企业	95	58.28%
	大专院校	23	14.11%
	民航部门	28	17.18%
	其他	17	10.43%

被调查对象中，有 74.85% 是男性，25.15% 是女性；20~29 岁的人员占的比例最多，为 44.17%，接近于 30~39 岁与 40~49 岁人员比例之和，20 岁以下及 50 岁以上人员之和为 9.21%；已婚与未婚人员的比例相差不大，分别为 55.21% 和 44.79%；本科学历的人数比硕士及以上和大专及以下的人数之和多，占到了 58.28%；通航企业的人员最多占了 58.28%，其次是民航部门的人员占了 17.18%，大专院校和其他的人员之和为 24.54%。

5.2.2　信效度分析

(1) 信度分析

采用 SPSS17.0 对量表的信度进行检验，信度检验采用克隆巴赫 α 系数分析。通过对问卷的信度分析结果可知，35 个题项的整体信度为 0.938，人员因素量表的信度为 0.928，设备设施因素量表的信度为 0.930，环境因素量表的信度为 0.954，管理因素量表的信度为 0.902，起降安全风险量表的信度为 0.704，问卷的整体信度及各量表的信度均满足大于 0.7 的要求[218]，说明问卷具有可靠性。

（2）效度分析

本书的效度检验从内容效度和结构效度两方面展开。其中，内容效度在设计问卷时进行了充分的考虑且征询了相关专家的意见对问卷进行修改，保证了问卷的内容效度；结构效度方面，统计分析的结果表明，人员因素、设备设施因素、环境因素、管理因素量表的 *KMO* 值分别为 0.862、0.763、0.847、0.852 均大于 0.7 且 *Bartlett* 球形检验统计值的显著水平为 0[219]，说明上述量表具有较好的结构效度。由于起降安全风险的两个题项是对一个问题的测量不宜进行因子分析，因此未对其 *KMO* 值进行分析。

（3）偏差检验

为了检验问卷结果是否存在共同方法偏差，本书采用 Harman 单因子测试，将人员因素、设备设施因素、环境因素及管理因素量表的所有题项放在一起进行探索因子分析，未旋转的因子分析结果得到 7 个特征值大于 1 的因子，可解释方差的 77.64%，其中最大因子对方差的解释为 13.71%，说明有效问卷不存在严重的共同方法偏差问题。

5.2.3 因子分析

对所有风险因素进行因子分析结果显示 *KMO* 值为 0.847 且 *Bartlett* 球形检验统计值的显著水平为 0，说明风险因素适合进行因子分析。对风险因素进行主成分分析，得到四个特征值大于 1 的因素，累计方差解释率达到 65.16%，且除 A_9 外所有因素旋转后的因子载荷矩阵系数均大于 0.5，理论上应该删除 A_9，但由于在实践中 A_9 是很重要的风险因素，因此本研究未将其删除，即所有的风险因素均有效。将四个主成分分别命名为人员因素、设备设施因素、环境因素和管理因素，主成分分析的结果如表 5-2 所示。

表 5-2   旋转后因子载荷矩阵

风险因素	主成分				风险因素	主成分			
	1	2	3	4		1	2	3	4
A_1	0.637				B_1		0.833		
A_2	0.769				B_2		0.805		
A_3	0.690				B_3		0.874		
A_4	0.734				B_4		0.617		
A_5	0.722				B_5		0.866		
A_6	0.747				B_6		0.887		
A_7	0.637				C_1			0.920	
A_8	0.514				C_2			0.803	
A_9	0.439				C_3			0.887	
A_{10}	0.690				C_4			0.904	
A_{11}	0.791				C_5			0.897	
A_{12}	0.681				D_1				0.788
A_{13}	0.711				D_2				0.809
A_{14}	0.691				D_3				0.783
A_{15}	0.618				D_4				0.805
A_{16}	0.656				D_5				0.769
					D_6				0.711

由此可知，通过扎根理论分析得到的风险因素均为有效因素，水上飞机起降安全风险因素体系包括人员、设备设施、环境及管理四个主要因素及下设的 33 个风险因素，由此可知假设 1-1、假设 2-1、假设 3-1、假设 4-1 均成立。

5.3 水上飞机起降安全风险因素间作用关系分析

5.3.1 相关分析

四类主要风险因素与起降安全风险之间的均值、标准差及相关关系如表 5-3 所示。人员因素、设备设施因素、环境因素及管理因素与水上飞机起降安全风险的相关系数分别为 0.567、0.555、0.555、0.660，人员因素与设备实施因素、环境因素、管理因素的相关系数分别为 0.315、0.282、0.433，设备设施因素与环境因素、管理因素的相关系数为 0.390、0.282，环境因素与管理因素的相关系数为 0.278，所有的相关系数均呈现出显著的正相关关系，假设 1 到假设 5 均成立。

表 5-3   相关分析结果

	均值	标准差	A	B	C	D	F
A	3.885	0.572	1.000				
B	3.887	0.795	0.315**	1.000			
C	2.793	1.231	0.282**	0.390**	1.000		
D	3.826	0.742	0.433**	0.282**	0.278**	1.000	
F	3.359	0.757	0.567**	0.555**	0.555**	0.660**	1.000

注：**表示在 0.01（双侧）水平上显著；

A-人员因素，B-设备设施因素，C-环境因素，D-管理因素，F-起降安全风险。

5.3.2 结构方程模型构建

为了全面深入地研究人员因素、设备设施因素、环境因素、管理因素相互之间的作用关系及其与水上飞机起降安全风险的关系，本书采用 AMOS21.0 建立水上飞机起降安全风险的结构方程模型。

(1) 初始模型的构建

根据水上飞机起降安全风险的概念模型构建了初始的结构方程模型如图 5-1 所示，模型的拟合指数 χ^2/df、RMR、GFI、PGFI、NFI、IFI、TLI、CFI、RMSEA 分别为 3.455、0.064、0.605、

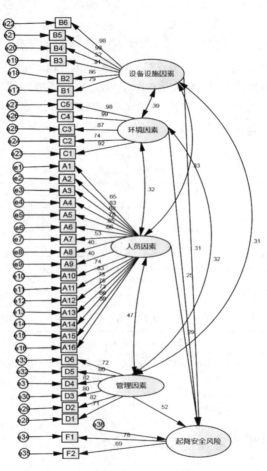

图 5-1　水上飞机起降安全风险初始拟合模型

0.528、0.689、0.757、0.736、0.756、0.123。然而，在结构方程模型中 χ^2/df 取值满足 1~3 较好；GFI、NFI、IFI、TLI、CFI 取值为 0~1，取值越大越好，大于 0.9 表明模型拟合程度较好，大于 0.8 表示模型的拟合效果可以接受[220]；PGFI 大于 0.5 较好；RMR、RMSEA 小于 0.05 表示拟合效果非常好。由此可知，初始模型的拟合效果不佳，需要对模型进行修正。

（2）模型的修改

根据模型的修正指数 MI（Modification Indices）值，对模型进行修改直至模型达到较好的拟合效果。由于在实践工作中，水上飞机起降安全风险往往会受到多个因素的共同作用，且因素间也存在相互的影响，所以本研究在修正模型时，主要是修正各风险因素误差项间的关联性，即在两个误差项之间添加关联线[221]，从 MI 值最大的开始修正，每次修正一个，逐次对模型进行修正，得到最终模型如图 4-2 所示，假设 5-1 成立。修正后模型的各项拟合指数 χ^2/df、RMR、GFI、PGFI、NFI、IFI、TLI、CFI、RMSEA 分别为 1.186、0.047、0.848、0.624、0.910、0.985、0.980、0.984、0.034，由此可知，模型具有较好的拟合效果。

由图 5-2 可知，人员因素、设备设施因素、环境因素及管理因素之间存在复杂的相互作用关系，且均对起降安全风险的作用路径显著。此外，上述四大类因素所包含的风险因素相互之间也存在复杂的作用关系。

（3）结果分析

采用极大似然法对修正后的模型进行估计，分析结果显示，主要变量间的非标准化路径系数的临界比（Critical Ratio）的绝对值均大于 1.96，且在 0.001 水平上显著，表明主要路径有效。具体分析结果如表 5-4 所示。

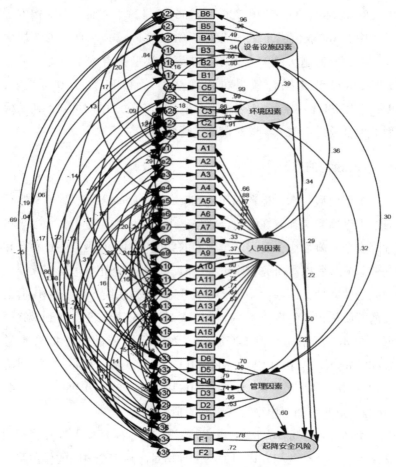

图 5-2　水上飞机起降安全风险最终拟合模型

表 5-4　　　　　　　　　　主要变量路径系数表

	未标准化路径系数	S.E.	C.R.	标准化路径系数	P
起降安全风险←管理因素	0.626	0.087	7.192	0.601	***
起降安全风险←环境因素	0.092	0.024	3.901	0.216	***
起降安全风险←人员因素	0.238	0.072	3.306	0.221	***
起降安全风险←设备设施因素	0.345	0.071	4.850	0.288	***

续表

	未标准化路径系数	S.E.	C.R.	标准化路径系数	P
环境因素↔人员因素	0.292	0.077	3.785	0.339	***
环境因素↔管理因素	0.288	0.079	3.657	0.325	***
管理因素↔人员因素	0.176	0.040	4.396	0.500	***
设备实施因素↔环境因素	0.302	0.067	4.515	0.392	***
设备实施因素↔人员因素	0.111	0.028	3.905	0.363	***
设备实施因素↔管理因素	0.096	0.028	3.398	0.302	***

由表 5-4 可知，人员因素（$\beta = 0.221$，$P < 0.001$）、设备设施因素（$\beta = 0.288$，$P < 0.001$）、环境因素（$\beta = 0.216$，$P < 0.001$）、管理因素（$\beta = 0.601$，$P < 0.001$）对起降安全风险具有显著地正向影响作用，且管理因素的影响作用最突出；人员因素与设备设施因素、环境因素、管理因素之间的路径系数分别为 0.363、0.339、0.500，管理因素与设备设施因素、环境因素之间的路径系数分别为 0.302、0.325，设备设施因素与环境因素间的路径系数为 0.392，表明人员因素、设备设施因素、环境因素及管理因素四者之间存在显著地正向相关作用，且人员因素与管理因素之间的作用关系最显著。由此可知，假设 5 得到检验。

①人员因素作用路径分析

人员因素间的作用路径分析结果如表 5-5 所示，由表可知标准化后的路径系数值在 0.001 水平上均显著，说明所有的风险因素均对人员因素具有正向影响作用（假设 1-2 成立），且对人员因素影响较大的风险因素分别是 A_2（飞行员决策）（$\beta = 0.880$，$P < 0.001$）、A_4（飞行员心理素质）（$\beta = 0.823$，$P < 0.001$）、A_{11}（飞行员违规）（$\beta = 0.803$，$P < 0.001$），影响最小的风险因素是 A_8（机组资源管理不到位）（$\beta = 0.326$，$P < 0.001$）。由此可知，A_2、A_4、A_{11} 是最关键的人员风险因素。

表 5-5　　　　　　　　　　人员因素路径系数表

	未标准化 路径系数	$S.E.$	$C.R.$	标准化 路径系数	P
人员因素←A_1	0.846	0.109	7.782	0.659	***
人员因素←A_2	1.145	0.131	8.769	0.880	***
人员因素←A_3	0.883	0.112	7.893	0.673	***
人员因素←A_4	1.050	0.112	9.392	0.823	***
人员因素←A_5	0.904	0.124	7.289	0.613	***
人员因素←A_6	0.918	0.126	7.300	0.615	***
人员因素←A_7	0.676	0.119	5.675	0.471	***
人员因素←A_8	0.454	0.113	4.025	0.326	***
人员因素←A_9	0.594	0.132	4.491	0.369	***
人员因素←A_{10}	1.034	0.127	8.158	0.707	***
人员因素←A_{11}	1.028	0.112	9.201	0.803	***
人员因素←A_{12}	1.025	0.122	8.378	0.724	***
人员因素←A_{13}	1.031	0.102	10.097	0.721	***
人员因素←A_{14}	1.024	0.124	8.254	0.709	***
人员因素←A_{15}	0.818	0.088	9.309	0.638	***
人员因素←A_{16}	1.000	—	—	0.673	***

②设备设施因素作用路径分析

设备设施因素的作用路径结果如表 5-6 所示，设备设施的所有风险因素的作用路径均显著，故假设 2-2 成立。在设备设施因素中影响最大的风险因素是 B_6（飞机装备）（$\beta=0.962$，$P<0.001$）、影响最小的风险因素是 B_4（飞机失控）（$\beta=0.492$，$P<0.001$）。由此可知，B_6 是最关键的设备设施风险因素。

表5-6   设备设施因素路径系数表

	未标准化路径系数	S. E.	C. R.	标准化路径系数	P
设备设施因素←B₁	1.000	—	—	0.800	***
设备设施因素←B₂	1.553	0.126	12.309	0.864	***
设备设施因素←B₃	1.566	0.104	15.111	0.936	***
设备设施因素←B₄	0.605	0.057	10.588	0.492	***
设备设施因素←B₅	2.315	0.147	15.718	0.958	***
设备设施因素←B₆	1.749	0.109	16.045	0.962	***

③环境因素作用路径分析

环境因素作用路径分析结果如表5-7所示，所有的环境风险因素的路径系数均在0.001水平上显著，由此可知假设3-2成立。在环境因素中所有因素的路径系数均较高，其中 C_4（气象环境）（$\beta = 0.988$，$P<0.001$）的路径系数最大是最主要的风险因素，C_2（障碍物）（$\beta = 0.720$，$P<0.001$）的路径系数相对最小。

表5-7   环境因素路径系数表

	未标准化路径系数	S. E.	C. R.	标准化路径系数	P
环境因素←C₁	1.000	—	—	0.908	***
环境因素←C₂	0.440	0.029	15.051	0.720	***
环境因素←C₃	0.629	0.030	21.076	0.859	***
环境因素←C₄	0.979	0.037	26.743	0.988	***
环境因素←C₅	0.967	0.037	26.306	0.986	***

④管理因素作用路径分析

管理因素的路径系数分析结果如表5-8所示，所有的管理风险因素作用路径均显著，假设4-2成立。其中 D_5（飞行前准备）（$\beta=$

111

0.876，$P<0.001$）的影响最大，其次是 D_2（日常监管机制）（$\beta=$ 0.864，$P<0.001$）。

表 5-8 管理因素路径系数表

	未标准化路径系数	S.E.	C.R.	标准化路径系数	P
管理因素←D_1	1.000	—	—	0.632	***
管理因素←D_2	1.430	0.131	10.957	0.864	***
管理因素←D_3	1.101	0.130	8.500	0.743	***
管理因素←D_4	1.179	0.133	8.866	0.793	***
管理因素←D_5	1.195	0.131	9.155	0.876	***
管理因素←D_6	0.995	0.102	9.767	0.700	***

通过上述分析可知，人员因素、设备设施因素、环境因素、管理因素中的风险因素对上述四类因素的作用路径均显著，其中路径系数较大的因素是关键风险因素，这些因素的较小变化可能会导致起降安全风险发生较大的变化。

5.4 研究结论及对策建议

本书的假设检验结果如表 5-9 所示。

表 5-9 假设检验结果

假 设	检验结果
假设 1：人为因素对起降安全风险具有显著影响 　　假设 1-1：16 种人员风险因素是影响水上飞机起降安全的主要风险源 　　假设 1-2：16 种人员风险因素对人员因素的作用路径显著	成立

续表

假　　设	检验结果
假设2：设备设施因素对起降安全风险具有显著影响 　　假设2-1：6种设备设施风险因素是影响水上飞机起降安全的主要风险源 　　假设2-2：6种设备设施风险因素对设备设施因素的作用路径显著	成立
假设3：环境因素对起降安全风险具有显著影响 　　假设3-1：5种环境风险因素是影响水上飞机起降安全的主要风险源 　　假设3-2：5种环境风险因素对环境因素的作用路径显著	成立
假设4：管理因素对起降安全风险具有显著影响 　　假设4-1：6种管理风险因素是影响水上飞机起降安全的主要风险源 　　假设4-2：6种管理风险因素对管理因素的作用路径显著	成立
假设5：人员因素、设备设施因素、环境因素、管理因素及起降安全风险之间存在显著的相关关系 　　假设5-1：人员因素、设备设施因素、环境因素、管理因素所包含的33个风险因素之间存在显著的相关关系	成立

由此可知，所有的假设都得到验证，得到的结论归纳如下：

第一，人员因素、设备设施因素、环境因素及管理因素是影响水上飞机起降安全风险的主导风险因子，四类因素与起降安全风险之间的相关系数均显著，且管理因素与起降安全风险之间的相关系数最显著；四类因素对起降安全风险影响的作用路径系数均显著，且管理因素对起降安全的作用路径系数最大。说明人—机—环—管均对起降安全风险具有显著影响且四类因素之间存在相互作用关系，管理因素对起降安全的影响最突出。

第二，概念模型中的16个人员风险因素、6个设备设施风险因素、5个环境因素及6个管理因素共计33个风险因素均是水上飞机起降安全的风险源，且这些风险源之间存在显著的相互作用关系，该结论在一定程度上验证了第 3 章中扎根理论的分析结果。在制定水上飞机起降安全风险管控对策时，除了要预防单一风险因素对起降安全的影响外，还需要重视因素间的相互作用关系。

第三，人员因素、设备设施因素、环境因素及管理因素内部的风险因素对其作用路径均显著，且人员因素中飞行员决策、飞行员心理素质、飞行员违规作用路径系数较大；设备设施因素中飞机装备和空管设备的作用路径系数较大；环境因素中气象环境和水文条件的路径系数较大；管理因素中飞行前准备和日常监管机制的作用路径系数最大。

综上可知，第 3 章得到的水上飞机起降安全风险因素概念模型为有效模型，且起降安全风险因素间的作用关系显著。为了有效预防水上飞机起降安全风险，可以从以下两个方面制定对策。

（1）管控风险源

上述分析的结果表明，第 3 章提出的概念模型中的 33 个风险因素均为水上飞机起降安全的风险源，通过对这些风险源的控制可以有效提高水上飞机起降安全水平。在风险源的管控上，通航企业可以采取直接的手段，如加强飞行员培训、完善日常监管机制等，减弱风险源的影响。然而，由于外界环境的不断变化，风险因素的水平会呈现出动态变化性，采用静态的策略只能在一定的时间内降低起降风险，但并不能实时对其进行控制。为了能够实现实时风险源管控及策略调整，可以通过实时监测预警的手段来监测风险源。将风险源转化为一对一的预警指标，对这些指标采用定量与定性结合的方法划分预警区间，以此来实现水上飞机起降过程中各风险源的实时监测预警。

（2）切断风险作用路径

通过上述分析可知，人—机—环—管风险因素之间存在显著的相互作用，这种相互作用会导致水上飞机起降不安全风险事件的产生，因此切断因素间的作用路径能够有效预防不安全事件的产生。在整个起降过程中人员因素是对安全产生影响的最直接因素，设备设施因素、环境因素及管理因素均是通过影响人员因素进而对安全产生影响,为了减弱这种影响,首先需要明确哪些风险因素与人员因素之间存在作用路径,然后通过控制作用路径上的风险因素以减弱这种作用路径带来的影响。在这个过程中,由于管理因素贯穿整个起降过程,因此其影响比较突出,在切断作用路径的过程中需要对该类因素进行着重考虑。

本章小结

本章首先介绍了水上飞机起降安全风险现有研究存在的问题以及本研究的目的,选择采用结构方程模型开展风险因素间的作用机理研究。首先,根据前文扎根理论的分析结果,提出本章的研究假设,将概念模型中的 33 个主要风险因素设计成包括人员因素、设备设施因素、环境因素及管理因素四个维度的 33 个问卷题项,将起降安全风险维度的问卷分为可能性和严重性两个题项。然后,将设计好的调查问卷征询有关专家意见进行适当修改后,在我国开展水上飞机的通航企业中发放问卷获取数据。接着,对收集的问卷进行统计分析,分析了问卷的信效度符合条件后,对其进行探索性因子分析筛选风险因素,结果表明除了飞行员失能外所有的风险因素均是有效因素,通过分析保留了所有的风险因素;分析了人员、设备设施、环境、管理及起降安全风险之间的相关关系,相关系数均显著;最后,根据上述分析结果,构建了水上飞机起降安全风险因素的结构方程模型,探究了因素间的作用路径系数以及其对起降安全的影响。

第6章 水上飞机起降安全风险演化网络模型

6.1 水上飞机起降安全风险的网络特征

水上飞机起降过程中涉及的人事物众多，且起降的程序复杂，这些人事物之间存在交互作用，使得水上飞机起降成为了一个复杂的系统。此外，通过第4章风险因素作用机理分析可知，水上飞机起降安全系统由人员因素、设备设施因素、环境因素及管理因素四个子系统组成，且影响系统安全的风险因素间存在一定的关联，使得该复杂系统形成了一个复杂网络结构。风险因素是网络中的节点，因素间的作用关系成为了网络的边。由于复杂网络在探讨复杂系统中元素间的复杂关系及变化规律方面具有优势[222]，因此适用于探究水上飞机起降安全风险的演化规律。水上飞机起降安全风险网络具有如下特性：

(1) 复杂性

水上飞机起降安全风险网络中的风险因素众多且因素间的作用关系复杂，风险因素本身的变化也并非完全按照线性的方式变化，如飞行员失能、飞机结构设计不合理、飞机配载失衡等风险因素并不会随着时间的变化而呈现出线性变化的规律。此外，节点间的连接结构既非完全规则也非完全随机，且网络在时间和空间的演化过程中都会产生不同程度和不同类型的操作失误风险，其演化过程复杂。

（2）小世界特性

通过对航空网络的研究，学者们指出航空网络具有小世界特性且其度分布满足幂律分布[223-224]。近年来，复杂网络在航空领域得到了越来越多的关注，然而针对航空安全方面的研究相对比较缺乏，只有少数学者进行了探讨，如赵贤利和罗帆将复杂网络运用于机场安全风险的研究，认为民航机场飞行区安全风险网络满足小世界特性且度分布服从幂律分布，满足无标度网络特征[123]。在本书中，尽管水上飞机起降安全风险网络的规模较大且影响因素众多，然而各风险因素对其影响路径的平均长度均不会超过 6 个单位，凸显了网络的小世界特性。

（3）无标度特性

水上飞机起降过程中的直接责任主体是飞行员，因此与飞行员相关的风险因素，如飞行员失能、飞行员违规、飞行员技能不足等因素在整个网络中起着重要的作用，其他风险因素均会通过对飞行员的影响进而引发操作失误，即与飞行员相关的主要风险因素会与很多其他风险因素有连接关系，大多数风险因素间的连接较少，表现出了"中心节点"的特性，满足无标度网络的特性。

综上所述，水上飞机起降安全风险网络是一个典型的复杂网络，且满足无标度网络的特性，适合采用无标度网络模型对其风险演化过程进行研究。

117

▤ 6.2　水上飞机起降安全风险网络演化机理分析

水上飞机起降安全风险网络是由风险因素（网络节点）及因素

间的作用关系(网络的连边)组成，因此其演化也包括节点的演化
和连边的演化。

6.2.1　网络节点的演化

复杂网络中点的演化主要有两种形式：节点间的相互作用产生
新的节点进入网络使网络规模增大、网络中节点连接出现断裂该节
点退出网络使网络规模减小。在形成水上飞机起降安全风险网络拓
扑结构的过程中，风险因素按照增长和优先连接的原则进入网络使
网络的规模不断增加，然而由于在分析影响水上飞机起降安全的风
险因素时考虑得比较全面，将各种可能影响水上飞机起降安全的情
况都进行了分析，故最终得到的风险因素比较全面，本书假设在后
续不会有新的风险因素产生，因此当网络达到一定的规模后就不会
有新的节点继续进入网络。当水上飞机起降安全风险网络中的风险
因素通过相互作用产生起降安全风险事件时，相关的管理部门会采
取措施对网络中的关键风险因素进行干预，断开网络中的关键风险
因素间的连接关系，进而使风险因素退出网络，降低其对安全产生
的影响。

通过上述分析可知，本书中风险因素即网络节点的演化主要体
现在形成网络过程中的增长机制以及采取管控措施时的节点退出机
制。然而由于增长机制只在形成网络的过程中起到作用，因此不作
为本研究节点演化的重点。本书将着重分析水上飞机起降安全风险
网络中的关键风险因素以及通过断链控制断开这些关键风险因素间
的连边使其退出网络的过程。

6.2.2　网络连边的演化

复杂网络中边的演化有三种表现形式：择优连接，即新的节点
进入网络时会有选择性地与具有某些特征的节点进行连边；产生新
的边，即网络中未连边的节点间产生连接；断边重连，即由于节点

间的相互作用关系发生变化导致原有连接断开，原有节点会选择与其能产生相互作用的新节点重新连边，重连的过程与产生新边的过程相似。其中，择优连接是在生成网络的过程中当有新的节点进入网络时会优先选择度大的节点进行连接，分析该种情况边的演化过程需要结合点的演化，由于新节点进入网络的演化并不是本书的研究重点，因此本书在分析边的演化时也未对择优连接的情况继续进行具体分析。

本书对边的演化主要集中在网络中产生新的连边及断边重连两方面，产生新的边与重连的过程相似因此作为一种情况进行分析，本书主要采用链路预测算法对已有网络中未连接节点对间产生连边的可能性进行预测，进而分析产生新边的可能性；断边的演化过程需要与网络的关键节点一起进行研究，对关键节点连边的断链控制实质上就是网络中断边的过程。

6.3 水上飞机起降安全风险的无标度网络模型

6.3.1 风险因素编号

本章对范畴化后重要的风险因素进行详细分析，将影响水上飞机起降安全风险的因素分为人员因素、设备设施因素、环境因素及管理因素四类。

人员因素方面，飞行员自身是导致起降安全风险的主要因素，此外与飞行员有着密切联系的管制员和地面保障人员在水上飞机起降过程中也发挥着重要作用，因此人员因素主要包括飞行员因素、空中管制员因素、地面保障人员因素三个方面，具体表现在飞行员技能不足、飞行员决策失误、飞行员身体素质不佳、飞行员心理素质不佳、飞行员经验不足、飞行员安全意识薄弱、飞行员情景意识差、飞行员机组资源管理不到位、飞行员失能、飞行员疲劳、飞行员违规、飞行员视觉差，管制员工作负荷大、管制员工作疏忽，地面保障人员工作失误、地面保障人员工作环境恶劣。

　　设备设施因素方面，主要包括航空器因素和设备技术因素两个方面，具体表现在航空器故障、飞机结构设计不合理、飞机配载失衡、飞机失控、空管设备失灵、飞机装备配备不足。设备设施因素的不足会使得飞行员在起降过程中出现判断失误和决策失误，进而导致操作失误。

　　环境因素方面，主要包括机场环境因素和客观环境因素两方面。其中机场环境方面，跑道状况不佳、障碍物及起降场环境复杂；客观环境包括气象环境和水文条件，气象环境中能见度差、侧风、风切变、眩光会影响飞行员的起降操作，水文条件中的浪高、水位、水流等会使飞行员对起降方式进行选择，增加了操作失误的风险。环境因素会加大飞行员的起降难度，间接导致起降风险。

　　管理因素方面，管理贯穿于水上飞机起降的全过程甚至是通航企业的运营之中，管理不到位会导致其他因素的风险增加进而增加起降安全风险。管理包括日常监管和应急监管，日常监管因素具体有培训不足、日常监管机制不完善、水上机场管理不到位；应急监管具体有应急监管机制不完善、飞行前准备不足、团队沟通缺失。

　　综合上述风险因素分析，将概念化和范畴化后的风险因素分别进行编号，其中对 203 个概念化的风险因素进行合并删除后还剩余 126 个风险因素编号依次为 m_1，m_2，$\cdots$，m_{126}，对范畴化后的风险因素编号为 x_1，x_2，$\cdots$，x_{38}，部分风险因素的编号如表 6-1 所示。

6.3.2　网络拓扑结构的建立

　　本书在第 5 章对影响水上飞机起降安全风险因素作用机理研究的基础上，通过实地调研并结合专家意见梳理了水上飞机起降安全风险因素间的作用关系，以明确无标度网络中节点之间边的方向性，具体的结果如表 6-2 所示。

表 6-1 部分风险因素编号

编号	事件名称	编号	事件名称	编号	事件名称
x_1	飞行员技能不足	x_{14}	管制员工作疏忽	x_{27}	水文条件
x_2	飞行员决策失误	x_{15}	地面保障人员失误	x_{28}	培训不足
x_3	飞行员身体素质不佳	x_{16}	地面保障人员工作环境恶劣	x_{29}	日常监管机制不完善
x_4	飞行员心理素质不佳	x_{17}	航空器故障	x_{30}	水上机场管理不到位
x_5	飞行员经验不足	x_{18}	飞机结构设计不合理	x_{31}	应急监管机制不完善
x_6	飞行员安全意识薄弱	x_{19}	飞机配载失衡	x_{32}	飞行前准备不足
x_7	飞行员情景意识差	x_{20}	飞机失控	x_{33}	团队沟通缺失
x_8	机组资源管理不到位	x_{21}	空管设备失灵	x_{34}	人员风险
x_9	飞行员失能	x_{22}	飞机装备配备不足	x_{35}	设备设施风险
x_{10}	飞行员疲劳	x_{23}	跑道状况不佳	x_{36}	环境风险
x_{11}	飞行员违规	x_{24}	障碍物	x_{37}	管理风险
x_{12}	飞行员视觉差	x_{25}	起降场环境复杂	x_{38}	起降安全风险
x_{13}	管制员工作负荷大	x_{26}	气象环境	—	—

由表 6-2 可知，网络中节点间存在复杂的作用关系，有些节点之间的作用关系存在方向性，有些节点之间需要通过相互作用才会引发起降安全风险，其关系是相互的不存在显著的方向性，如人员因素、设备设施因素、环境因素及管理因素之间通常是通过相互作用来影响起降安全风险，因此该四个节点在网络中的作用关系是无向的。此外，风险因素间作用关系的强度会对水上飞机起降安全风险产生不同的影响，本研究采用权重来对风险因素间的作用关系强度进行区分。基于此，本研究采用有权网络分析水上飞机起降安全风险的演化过程。由于风险因素间的作用路径可以在一定程度上反映因素间的关系强度，因此本书将第 5 章得到的风险因素间作用路径系数的绝对值作为网络中的边权重。

121

表 6-2　　　　　水上飞机起降安全风险因素关系表

节点	指向的节点	节点	指向的节点	节点	指向的节点
x_1	x_2、x_{34}	x_{25}	x_1、x_{23}、x_{36}	m_{40}—m_{43}	x_{14}
x_2	x_{34}	x_{26}	x_{11}、x_{36}	m_{44}、m_{45}	x_{13}
x_3	x_1、x_8、x_{34}	x_{27}	x_{36}	m_{46}—m_{48}	x_{15}
x_4	x_{34}	x_{28}	x_1、x_4、x_5、x_{13}、x_{33}、x_{37}	m_{49}	x_{16}
x_5	x_6、x_7、x_8、x_{13}、x_{22}、x_{34}、x_{36}	x_{29}	x_{17}、x_{20}、x_{23}、x_{28}、x_{32}、x_{34}、x_{37}	m_{50}—m_{53}	x_8
x_6	x_7、x_8、x_{33}、x_{15}、x_{34}	x_{30}	x_{13}、x_{22}、x_{31}、x_{33}、x_{37}	m_{54}—m_{56}	x_{17}
x_7	x_{11}、x_{15}、x_{34}	x_{31}	x_{14}、x_{15}、x_{26}、x_{37}	m_{57}—m_{60}	x_{28}
x_8	x_{34}	x_{32}	x_8、x_{11}、x_{37}	m_{61}—m_{79}	x_{29}
x_9	x_8、x_{34}	x_{33}	x_2、x_{15}、x_{20}、x_{24}、x_{37}	m_{80}、m_{81}	x_{31}
x_{10}	x_4、x_9、x_{11}、x_{37}、x_{34}、x_{37}	x_{34}	x_{35}、x_{36}、x_{37}、x_{38}	m_{82}—m_{88}	x_{26}
x_{11}	x_{13}、x_{34}	x_{35}	x_{34}、x_{36}、x_{37}、x_{38}	m_{89}—m_{95}	x_{27}
x_{12}	x_2、x_6、x_{10}、x_{11}、x_{34}	x_{36}	x_{34}、x_{35}、x_{37}、x_{38}	m_{96}、m_{97}	x_{25}
x_{13}	x_{14}、x_{34}	x_{37}	x_{34}、x_{35}、x_{36}、x_{38}	m_{98}—m_{103}	x_{30}
x_{14}	x_4、x_{12}、x_{15}、x_{34}	x_{38}	—	m_{104}—m_{109}	x_{24}
x_{15}	x_{13}、x_{34}	m_1—m_{10}	x_1	m_{110}	x_{18}
x_{16}	x_2、x_{13}、x_{15}、x_{34}	m_{11}	x_9	m_{111}	x_{22}
x_{17}	x_1、x_{20}、x_{35}	m_{12}、m_{13}	x_2	m_{112}、m_{113}	x_{19}
x_{18}	x_{12}、x_{17}、x_{35}	m_{14}—m_{16}	x_3	m_{114}、m_{115}	x_{20}
x_{19}	x_{21}、x_{36}、x_{35}、x_{36}	m_{17}、m_{18}	x_4	m_{116}、m_{117}	x_{21}
x_{20}	x_{35}	m_{19}—m_{23}	x_5	m_{118}、m_{119}	x_{23}
x_{21}	x_{35}	m_{24}—m_{29}	x_6	m_{120}—m_{122}	x_{32}
x_{22}	x_2、x_{24}、x_{35}	m_{30}、m_{31}	x_7	m_{123}—m_{125}	x_{33}
x_{23}	x_{12}、x_{35}、x_{36}	m_{32}—m_{38}	x_{11}	m_{126}	x_{12}
x_{24}	x_{14}、x_{23}、x_{25}、x_{36}	m_{39}	x_{10}	—	—

根据风险因素间的逻辑关系及专家意见可构建风险因素之间的演化结构模型，本书采用 Pajek 软件绘制网络的拓扑结构，通过计算可知在网络拓扑结构中共有 164 个节点和 248 条边，分别表示风险事件及其演化关系，形成风险演化链。尽管本书得到的风险因素来自不同的事故案例，但由于水上飞机起降安全风险本身就是一个动态的演化网络，可以兼容不同时间不同来源的风险因素，因此本书将不同来源的风险因素纳入一个网络，形成最终的网络结构。水上飞机起降安全风险的网络拓扑结构如图 6-1 所示。

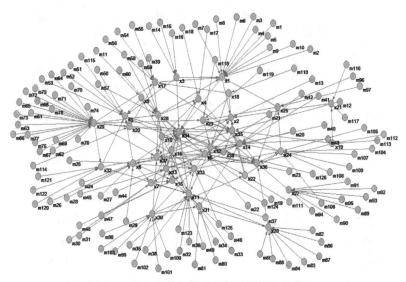

图 6-1　水上飞机起降安全风险网络拓扑结构

　　由于影响水上飞机起降安全的风险因素众多，且因素间的作用关系复杂，为了简化研究，本书选取水上飞机起降安全风险网络中范畴化后的风险因素所形成的子网络作为算例分析网络的演化规律，后文的所有分析均是基于子网络展开。采用 Pajek 软件绘制子网络的拓扑结构，通过计算可知在子网络拓扑结构中共有 38 个节点和 122 条边，分别表示风险事件及其演化关系，形成风险演化链。水上飞机起降安全风险的子网络拓扑结构如图 6-2 所示。

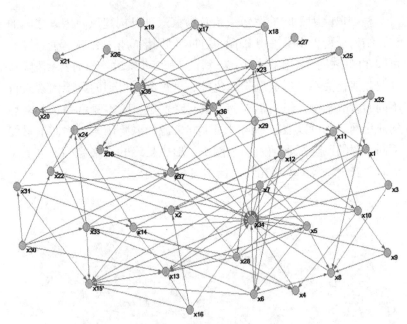

图 6-2　水上飞机起降安全风险子网络拓扑结构

由图 6-2 可知，水上飞机起降安全风险子网络包括三层节点：因素层、隐患层、事故层，风险的演化过程包括两个阶段，即网络中因素层的节点会影响隐患层事件节点，隐患层事件节点风险的长期积累会导致起降安全风险的爆发。其中，因素层包括人的不安全行为、设备设施的不安全状态、环境的不安全条件、管理的缺失等方面的诸多因素；隐患层反映的是次生风险事件，是由因素层的节点演化而产生，在人的不安全状态或环境的不安全条件下会导致起降安全事故的隐患；事故层表示的是正在发生或发生过的事故，如果上述次生风险事件不能得到有效控制，将会导致不同的严重后果。

6.3.3　度量指标分析

在图 6-2 的基础上，采用 Pajek 和 MATLAB 软件对网络模型进行分析，得到整体网络的参数如表 6-3 所示。

表6-3 水上飞机起降安全风险网络整体参数

参数名称		整体网络	参数名称	整体网络
节点数(个)		38	网络直径	9
边数(条)		122	网络聚类系数	0.1361
网络密度	有循环 无循环	0.0845 0.0868	网络介数中心性	0.1312
网络平均度		6.4211	网络接近度中心性	0.4531
平均路径长度		2.8808	网络全局效率	0.8260

由表6-3可知，在允许有循环的情况下网络的密度为0.0845，在不允许有循环的情况下网络的密度为0.0868，即不管有无循环，网络的密度都较低，表明水上飞机起降安全风险演化网络紧密程度较低，风险因素的演化途径单一，相互间的作用关系一般；网络的平均度值为6.4211，这表明网络中每一个风险因素平均与6个其他风险因素有直接作用关系，该结果符合复杂网络的小世界特性；水上飞机起降安全风险网络的平均路径长度为2.8808，说明一个风险因素只需要经过2.8808的单位长度就能影响其他风险因素；网络直径即两个节点之间的最大距离，该网络中最大距离存在于x_7和x_1之间为9，网络中的一个风险因素最多需要经过9步才能影响网络中的起降安全；网络的聚类系数为0.1361，表明节点的聚集程度较低，网络具有显著的演化性和传递性；网络的全局效率值为0.8260，该参数反映了网络中风险的传递速度，及网络的连通情况。

(1)节点度及度分布分析

采用Pajek软件对网络中所有节点的度值及出度和入度进行分析，具体结果如表6-4所示。

由表6-4可知，水上飞机起降安全风险网络中，人员因素(x_{34})的度及入度的值最大，飞行员经验不足(x_5)和日常监督机制不完善(x_{29})的出度最大。人员因素的度值最大，表明在网络中人员因素节点最重要，在水上飞机起降安全风险网络中，人是导致风险产生的最直接原因，因此在整个网络中处于最重要的地位，度分

125

析结果符合实际情况。人员因素的入度最大，表明影响人员因素风险事件的途径较多，控制难度较大；飞行员经验不足和日常监管机制不完善的出度最大，表明这两个节点对后续事件的影响程度最大。度较高的节点在水上飞机起降安全风险演化的过程中需要予以重视。根据表 6-4 中节点度值的大小并结合实际工作将节点按照重要性依次降低的顺序进行排序分别是 x_{34}、x_{35}、x_{37}、x_{36}、x_5、x_{12}、x_{13}、x_{15}、x_{33}、x_6、x_{11}、x_{14}、x_{28}、x_{29}、x_1、x_2、x_8、x_{10}、x_{23}、x_{24}、x_7、x_{17}、x_{22}、x_{30}、x_{31}、x_4、x_{16}、x_{20}、x_{25}、x_{32}、x_{38}、x_3、x_9、x_{18}、x_{19}、x_{26}、x_{21}、x_{27}。

表 6-4　　　　　　　　　　节点度值分布

节点	度	度中心性	入度	出度	节点	度	度中心性	入度	出度
x_1	6	0.1622	4	2	x_{20}	4	0.1081	3	1
x_2	6	0.1622	5	1	x_{21}	2	0.0541	1	1
x_3	3	0.0811	0	3	x_{22}	5	0.1351	2	3
x_4	4	0.1081	3	1	x_{23}	6	0.1622	3	3
x_5	8	0.2162	1	7	x_{24}	6	0.1622	2	4
x_6	7	0.1892	2	5	x_{25}	4	0.1081	1	3
x_7	5	0.1351	2	3	x_{26}	3	0.0811	1	2
x_8	6	0.1622	5	1	x_{27}	1	0.0270	0	1
x_9	3	0.0811	1	2	x_{28}	7	0.1892	1	6
x_{10}	6	0.1622	1	5	x_{29}	7	0.1892	0	7
x_{11}	7	0.1892	5	2	x_{30}	5	0.1351	0	5
x_{12}	8	0.2162	3	5	x_{31}	5	0.1351	1	4
x_{13}	8	0.2162	6	2	x_{32}	4	0.2162	1	3
x_{14}	7	0.1892	3	4	x_{33}	8	0.2162	3	5
x_{15}	8	0.2162	6	2	x_{34}	24	0.6486	20	4
x_{16}	4	0.1081	0	4	x_{35}	14	0.3784	10	4
x_{17}	5	0.1351	2	3	x_{36}	14	0.3514	10	4
x_{18}	3	0.0811	0	3	x_{37}	14	0.3784	10	4
x_{19}	3	0.0811	0	3	x_{38}	4	0.1081	4	0

由于本书的节点个数较少，所以在进行度分布计算时引入区间度的概念，即将节点的度值按照一定的范围进行划分，将中值作为该区间的度值，将度值在该区间内的节点数总和作为区间度的频数，本书将 6 作为单位对度进行区间划分，具体划分情况如表 6-5 所示。

表 6-5 节点区间度值频率分布

区间编号	区间	节点区间度值	频数	频率
1	[1, 6]	3.5	24	0.6316
2	[7, 12]	9.5	10	0.2632
3	[13, 18]	15.5	3	0.0789
4	[19, 24]	21.5	1	0.0263

根据表 6-5 可得到网络的累积度分布曲线如图 6-3 所示。

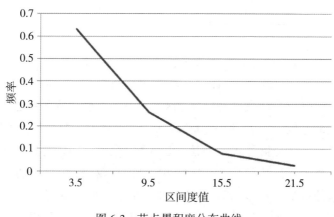

图 6-3 节点累积度分布曲线

假设 y 表示节点所处区间频数的对数，x 表示节点区间度值的对数，则两个变量的具体取值如表 6-6 所示。

表 6-6 节点区间度值与频数的对数

y	x
3.1781	1.2528
2.3026	2.2513
1.0986	2.7408
0	3.0681

结合节点区间度值与频数的对数，采用 SPSS 软件对双对数曲线及其线性回归方程进行分析，得到相关参数如表 6-7 所示。

表 6-7 回归分析结果

| model | coeficients | t | p | 95%置信区间 | | R | R^2 | 调整 R^2 |
				lower 95%	upper 95%			
constant	5.536	6.035	0.026	1.589	9.482	0.952	0.907	0.907
x	−1.671	−4.422	0.048	−3.297	−0.045			

根据表 6-7 可得到双曲线之间的回归方程如下，

$$y = -1.671x + 5.536 \tag{6-1}$$

回归分析的结果显示，节点区间度值的对数与节点所处对应区间频数的对数之间的相关系数为 0.952，表现出了较高的相关性。

通过上述分析可知，水上飞机起降安全风险网络的累积度分布服从幂律分布且其双对数曲线线性拟合效果较好，该网络符合无标度网络的特征，其幂指数为−1.671，通过计算可得其度分布指数为 2.671，符合复杂无标度网络度分布指数为 2~3 的假设，证明该网络是具有无标度特征的复杂网络。

(2) 节点的介数中心性分析

采用 Pajek 软件计算得到网络中节点的介数中心性，进而计算得到各节点的介数，并根据介数值的大小对节点进行排序，具体情况如表 6-8 所示。

表 6-8 　　　　　　　　　　网络中节点的介数分布

节点	介数中心性	介数	排序	节点	节点中心性	介数	排序
x_1	0.0042	2.7972	20	x_{20}	0.0005	0.3330	27
x_2	0.0006	0.3996	26	x_{21}	0.0000	0.0000	34
x_3	0.0000	0.0000	30	x_{22}	0.0063	4.1958	17
x_4	0.0002	0.1332	29	x_{23}	0.0249	16.5834	9
x_5	0.0062	4.1292	18	x_{24}	0.0608	40.4928	6
x_6	0.0912	60.7392	4	x_{25}	0.0138	9.1908	12
x_7	0.0026	1.7316	21	x_{26}	0.0019	1.2654	23
x_8	0.0003	0.1998	28	x_{27}	0.0000	0.0000	35
x_9	0.0008	0.5328	25	x_{28}	0.0086	5.7276	16
x_{10}	0.0191	12.7206	10	x_{29}	0.0000	0.0000	36
x_{11}	0.0468	31.1688	7	x_{30}	0.0000	0.0000	37
x_{12}	0.1496	99.6336	1	x_{31}	0.0049	3.2634	19
x_{13}	0.0936	62.3376	3	x_{32}	0.0015	0.9990	24
x_{14}	0.1236	82.3176	2	x_{33}	0.0670	44.6220	5
x_{15}	0.0121	8.0586	15	x_{34}	0.0442	29.4372	8
x_{16}	0.0000	0.0000	31	x_{35}	0.0156	10.3896	11
x_{17}	0.0022	1.4652	22	x_{36}	0.0133	8.8578	13
x_{18}	0.0000	0.0000	32	x_{37}	0.0126	8.3916	14
x_{19}	0.0000	0.0000	33	x_{38}	0.0000	0.0000	38

　　由表 6-8 可知，x_{12} 的介数最大，表明飞行员的视觉差在整个网络中被多条最短路径经过，在整个网络的风险传导中起着重要的作用。在实际工作中，水上飞机的直接操作者是飞行员，其个体特征对飞行安全起着直接的作用，加上水上飞机的起降均通过目视飞行来完成，因此对飞行员的视觉要求会更高一些，很多风险因素如气象条件、障碍物、飞机结构设计等均会通过影响飞行员的视觉进而

影响其操作最终导致起降安全风险产生。介数值较大的节点在水上飞机起降安全风险网络中具有重要的地位。

(3) 节点的接近度中心性分析

通过 Pajek 软件分析得到起降安全风险网络中各节点接近度中心性分布并对其进行排序，具体情况如表6-9所示。

表6-9 网络中节点的接近度中心性分析

节点	接近度中心性	排序	节点	接近度中心性	排序
x_1	0.4933	15	x_{20}	0.4302	32
x_2	0.5000	11	x_{21}	0.3776	37
x_3	0.4458	26	x_{22}	0.4684	21
x_4	0.4512	25	x_{23}	0.4744	19
x_5	0.5211	6	x_{24}	0.4684	22
x_6	0.5068	9	x_{25}	0.4302	33
x_7	0.4684	20	x_{26}	0.4253	34
x_8	0.4625	23	x_{27}	0.3737	38
x_9	0.4302	30	x_{28}	0.5000	13
x_{10}	0.4868	17	x_{29}	0.5139	8
x_{11}	0.4868	18	x_{30}	0.4458	27
x_{12}	0.5139	7	x_{31}	0.4458	28
x_{13}	0.5000	12	x_{32}	0.4458	29
x_{14}	0.5068	10	x_{33}	0.5000	14
x_{15}	0.4933	16	x_{34}	0.6981	1
x_{16}	0.4568	24	x_{35}	0.5873	2
x_{17}	0.4302	31	x_{36}	0.5773	4
x_{18}	0.4157	35	x_{37}	0.5873	3
x_{19}	0.4022	36	x_{38}	0.5286	5

由表 6-9 可知，x_{34} 的接近度中心性值最大，表明该节点最接近网络的中心位置，在网络中最重要。x_{34} 代表的是人员因素，在实际工作中水上飞机起降的整个过程都离不开人的作用，对起降安全发挥着重要的作用，人员因素会导致其他风险因素的发生，进而引发起降安全风险，因此人员因素在整个网络中处于比较中心的地位。

（4）节点的综合值分析

采用不同的参数度量会得到对整体网络影响起不同作用的风险因素，在实际中往往不能简单地通过一种度量参数来决定该风险因素在网络中的重要性，需要综合考虑不同参数的作用结果，通过对比得到最终的关键风险因素。本书对网络度量指标分析中的节点度中心性、介数中心性及接近度中心性取平均值可计算得到各个节点的综合值并对其大小进行排序，具体情况如表 6-10 所示。

表 6-10 节点的综合值分布

节点	综合值	排序	节点	综合值	排序	节点	综合值	排序
x_1	0.2199	20	x_{14}	0.2732	6	x_{27}	0.1336	38
x_2	0.2209	18	x_{15}	0.2405	12	x_{28}	0.2326	14
x_3	0.1756	32	x_{16}	0.1883	28	x_{29}	0.2344	13
x_4	0.1865	29	x_{17}	0.1892	27	x_{30}	0.1936	26
x_5	0.2478	10	x_{18}	0.1656	35	x_{31}	0.1953	25
x_6	0.2624	8	x_{19}	0.1611	36	x_{32}	0.2212	17
x_7	0.2020	24	x_{20}	0.1796	31	x_{33}	0.2611	9
x_8	0.2083	22	x_{21}	0.1439	37	x_{34}	0.4636	1
x_9	0.1707	33	x_{22}	0.2033	23	x_{35}	0.3271	2
x_{10}	0.2227	16	x_{23}	0.2205	19	x_{36}	0.3140	4
x_{11}	0.2409	11	x_{24}	0.2305	15	x_{37}	0.3261	3
x_{12}	0.2932	5	x_{25}	0.1840	30	x_{38}	0.2122	21
x_{13}	0.2699	7	x_{26}	0.1694	34			

由表 6-10 可知，人员因素（x_{34}）的综合值最大，表明人员因素是网络中最重要的节点。然而在对度中心性、接近度中心性及介数中心性排序中人员因素的重要性存在明显的差异，由此可知，如果采用单一指标来判断风险因素的重要性有时会出现结果的偏差，综合值的判断效果更佳。影响水上飞机起降安全的关键风险因素按重要性排序依次为：x_{34}、x_{35}、x_{37}、x_{36}、x_{12}、x_{14}、x_{13}、x_6、x_{33}、x_5、x_{11}、x_{15}、x_{29}、x_{28}、x_{24}、x_{10}、x_{32}、x_2、x_{23}、x_1、x_{38}、x_8、x_{22}、x_7、x_{31}、x_{30}、x_{17}、x_{16}、x_4、x_{25}、x_{20}、x_3、x_9、x_{26}、x_{18}、x_{19}、x_{21}、x_{27}。

6.3.4　鲁棒性分析

网络的鲁棒性指当网络中的一个或多个节点遭到攻击或故障时，网络维持连通性的能力。网络的鲁棒性反映了网络部分结构失效对网络整体结构和功能的影响，近年来成为了复杂网络的一个热点研究领域。学者们对网络的鲁棒性开展了相关研究，平均路径、最大连通子图大小及全局效率是用来分析网络鲁棒性的主要指标[225-226]。本书在已有研究的基础上选取全局效率来研究网络的性能鲁棒性，采用最大连通子图大小来分析网络的结构鲁棒性。网络全局效率指在整个网络中所有节点对之间最短路径长度的倒数之和的平均值，用于反映物资、信息、能量在网络中的传播速度。网络全局效率 E_{glob} 的计算公式见式（2-7）。

网络最大连通子图大小表示网络中的节点遭到攻击后形成的多个子图中包含节点最多子图的节点数与网络原有节点总数的比值，其表达式如式（6-2）：

$$S = \frac{M}{N} \tag{6-2}$$

式中：S 表示最大连通子图大小，M 表示网络遭到攻击后最大连通子图的节点数目，N 表示未遭到攻击时网络的节点总数。

S 代表网络的结构鲁棒性，E_{glob} 代表网络的性能鲁棒性。采用 MATLAB 编程，分别对随机攻击和蓄意攻击中的度值攻击、介数值攻击、接近度中心性值攻击及综合值攻击进行仿真，并取仿真 1000 次的均值作为水上飞机起降安全风险演化网络在遭到随机攻击和蓄意攻击时，网络的结构鲁棒性和性能鲁棒性，分析结果如图6-4所示。

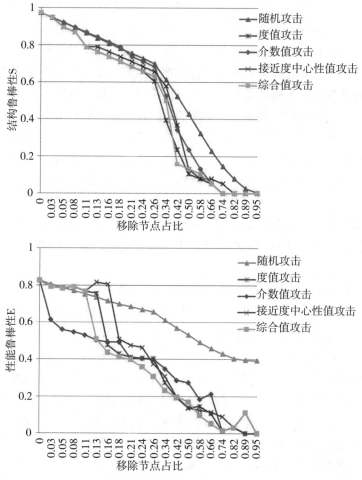

图6-4　网络的结构鲁棒性和性能鲁棒性分析结果

由图6-4上方子图可知，网络初始最大连通子图大小 S（结构鲁棒性）接近1，两种攻击模式下，网络的结构鲁棒性都随着移除节点比例 β 的增加而降低，且蓄意攻击下的鲁棒性降低速度快于随机攻击。当 $\beta = 0.34$ 时，随机攻击13个节点，S 降为0.6129；同样蓄意攻击 13 个节点，度值攻击 S 降为 0.3947，介数攻击 S 降为 0.5263，接近度中心性攻击 S 降为 0.5789，综合值攻击 S 降为 0.5000。在蓄意攻击中，当 $\beta < 0.26$ 时，度攻击和综合值攻击的效果相同且优于介数攻击和接近度中心性攻击；当 $\beta \geqslant 0.26$ 时，度值攻击的效果最优，在个别地方综合值攻击的效果最优。这表明水上飞机起降安全风险演化网络在随机攻击模式下的鲁棒性和容错性较强，在蓄意攻击模式下的鲁棒性较差，且蓄意攻击中度值攻击的效果最佳即鲁棒性最差。在随机攻击下，只有当移除节点比例接近 1 时网络的结构鲁棒性才下降为 0，表明只有将网络中绝大多数风险因素进行有效控制，才能使整个网络瘫痪。然而，在现实风险因素是客观存在的，完全控制所有风险因素的概率较小，因此水上飞机起降安全风险演化网络对随机攻击具有较强的鲁棒性。在蓄意攻击下，当 $\beta = 0.74$，即蓄意攻击 28 个节点时，网络的结构鲁棒性降为 0，说明这些节点是网络的核心节点，一旦这些核心节点受到攻击，则会使整个网络瘫痪，因此水上飞机起降安全风险演化网络对蓄意攻击具有较差的鲁棒性。

由图 6-4 下方子图可知，随机攻击的线条处于蓄意攻击之上，尽管有个别地方出现了反差，但是整体全局效率的下降程度仍小于蓄意攻击，出现蓄意攻击效果反差的原因是，当采用度值攻击、接近度中心性攻击及综合值攻击时可能删除了网络中的一些边缘节点使得网络的效率反而得到了提高，进而出现了短暂的反差现象。网络的初始全局效率 E_{glob}（性能鲁棒性）为 0.8260，当 $\beta = 0.21$ 时，随机攻击 7 个节点，E_{glob} 降为 0.6838；同样蓄意攻击 7 个节点，度值攻击 E_{glob} 降为 0.4119，介数值攻击 E_{glob} 降为 0.4059，接近度中心性值攻击 E_{glob} 降为 0.4758，度值攻击 E_{glob} 降为 0.3988。在蓄意攻击中，当 $\beta < 0.16$ 时，介数值攻击使得全局效率下降得最快；当 $\beta \geqslant 0.16$ 时，综合值攻击的效果最佳，即该种攻击下网络最脆弱。从蓄意攻击的节点顺序可知，先攻击重要节点会使网络的拓扑结构发生迅速变化，较快地产生很多孤立节点，致使网络快速瘫痪；而随机攻击时，恰好攻击到这些重要节点的概率很小，只有随机攻击足够多的节点时，才会使网络瘫痪。

综上所述，网络的结构鲁棒性和性能鲁棒性均随着攻击次数（移除节点比例）的增加而降低，且蓄意攻击对鲁棒性的影响更大，这表明水上飞机起降安全风险演化网络在蓄意攻击模式下的鲁棒性较差，在随机攻击模式下的鲁棒性和容错性较强。

6.4　关键风险因素分析及断链控制策略

6.4.1　关键风险因素

根据上述分析可知，蓄意攻击比随机攻击对网络的影响作用大，该无标度网络对蓄意攻击表现出了脆弱性，且不同蓄意攻击方式的鲁棒性效果存在一定的差异，本书基于此来分析影响水上飞机起降安全的关键风险因素，为制定断链控制策略提供依据。

由此可知，水上飞机起降安全风险网络的关键风险因素是综合值排序较靠前的风险因素。综合平均值方法中排在前十五的节点分别是人员因素（x_{34}）、设备设施因素（x_{35}）、管理因素（x_{37}）、环境因素（x_{36}）、飞行员视觉差（x_{12}）、管制员工作疏忽（x_{14}）、管制员工作负荷大（x_{13}）、飞行员安全意识薄弱（x_{6}）、团队沟通缺失（x_{33}）、飞行员经验不足（x_{5}）、飞行员违规（x_{11}）、地面保障人员失误（x_{15}）、日常监管机制不完善（x_{29}）、培训不足（x_{28}）、障碍物（x_{24}）。

从节点的排序来看最重要的是人员因素，这与水上飞机起降过程中人作为直接责任主体的实际情况相符，且人员因素作为一种类别节点受到很多风险因素的影响，对起降安全起着重要的作用。设备设施因素和管理因素并列第二，其中设备设施因素包括直接参与起降过程的航空器和机上配套的设施及参与指挥该飞行的其他设备，这些设备设施直接参与了起降过程，其安全状态对起降安全具有必然影响，管理因素贯穿于整个水陆转换的起降过程之中，会对人的安全行为和物的安全状态产生影响，因此这两个节点在网络中排序较前。环境因素是水上飞机起降过程中很重要的影响因素之一，只有环境条件满足要求才能计划起降。飞行员视觉差是主要的人员因素之一，飞行员的整个起降过程都是通过目视飞行完成，飞行员的视觉会直接影响其判断决策进而影响起降安全；管制员在水上飞机的起降过程中也至关重要，目前由于我国通航产业的发展刚起步，管制工作并没有专业化，一般是某些通航企业自己的人员担任管制员，管制员的专业程度有限且数量紧缺，尤其是在复杂水域起降时，管制员会由于工作负荷较大而出现工作失误的问题，进而影响水上飞机起降安全。飞行员的安全意识会影响其对危险的判断及紧急情况应变能力，使其忽视安全操作手册进而导致起降安全风险的产生。团队沟通是整个起降过程中必不可少的一个环节，有效的沟通能及时将各种信息告知飞行员保证其对各种情景做出正确的判断，沟通缺失会使飞行员的决策缺乏依据，增加起降安全风险。日常监管机制是对日常工作中可能出现的人的不安全行为和物的不安全状态的监督，降低其可能产生的影响，将安全隐患在日常过程中进行杜绝，保证在起降过程中的相对安全，因此日常监管机制不完善会对起降安全产生影响。飞行员违规是导致起降安全风险的直接原因，在起降过程中需要重视该风险因素。本书中的地面保障人员包括机务维修人员、机场维护人员、地面指挥人员等，前两类人员出现工作失误可能会导致飞机出现安全隐患，后者出现失误可能会给飞行员传递有误的信息或者未给飞行员提供及时的信息，不管是哪种情况均会对起降带来安全隐患。飞行员经验对飞行员而言是一笔宝贵的财富，经验不足会影响飞行员对不同起降环境采取不同操作的判断，当飞行员对水上飞机不熟悉时，起降的过程中可能会出现操作失误的情况，尤其在遇到紧急情况时也会增加飞行员的心理负担及应变能力，给起降安全带来较大的安全隐患；培训是保证飞行员技能最直接的保证，培训不足会导致飞行员在遇到紧急情况时不能及时做出反应，导致起降安全风险产生。障碍物在水上飞机起降过程中会对飞行员的视觉产生影响，因此该风险因素较重要。

6.4.2　断链控制策略

通过断开上述关键风险因素在网络中的连接或有效降低这些关

键风险因素在网络中的地位可以有效控制起降安全风险的演化。有两种方式可以有效预防因素层节点的风险演化，第一，通过断开这些风险因素与中间层节点之间的连接，这种方式直接切断了风险演化的源头，如飞行员视觉差或飞行经验不足会产生人员风险，为了切断这种连接，通航企业可以直接用视觉正常且具有经验的飞行员来代替现有飞行员，以此排除视觉差和经验不足对风险演化的影响；第二，通过相应的手段降低这些因素层节点的风险水平以及这些因素之间的作用强度，控制风险演化的条件，如通航企业可以通过构建水上飞机起降的日常监管制度，规范飞行员的培训以及团队沟通机制，以此来规范飞行员的安全操作、增加飞行员的飞行经验和安全意识，进而减少人员风险降低起降安全风险的演化等。上述两种方式虽然都能预防起降安全的风险演化，但是由于第一种方法的成本较高，在实践中的可行性有待验证，因此第二种方式更适合用于预防水上飞机起降安全风险演化。

6.5 水上飞机起降安全风险网络链路预测

前文分析了通过断开关键节点间已有连接来阻断网络中的风险演化，然而在网络演化的过程中会不断地出现新的连边，断链控制没法对这些未来会出现但是此刻未在网络中显示的连边进行控制。链路预测能对网络中存在但未显示或未来会出现连边进行预测，因此，本节采用链路预测法对网络中的连边进行预测，以期进一步改善断链控制的效果。

链路预测是指根据已知的网络信息预测网络中尚未连边的节点对之间形成连接的可能性，是复杂网络演化研究的一个重要分支。近年来，链路预测问题受到了不同领域专家学者的广泛关注。

6.5.1 链路预测的实验方法

作为数据挖掘领域的重要研究方向，传统的基于马尔科夫链和机器学习的链路预测方法在计算机领域已取得了较深入的研究。学者们对链路预测的方法进行了进一步的探索，归结起来主要包括三大类[227]：基于结构相似性的链路预测、基于最大似然估计的链路预测、基于概率模型的链路预测。基于结构相似性的链路预测算法由于其方法简单、计算复杂度低、适用范围广而受到了学者们的广泛青睐。因此，本书选取基于结构相似性的链路预测方法对水上飞机起降安全风险网络的路径演化进行分析。基于结构相似性的链路预测算法又可分为基于局部信息的相似性算法、基于路径的相似性算法和基于随机游走的相似性算法三类，其中基于局部信息的相似性算法受到了学者们的广泛关注，其适用性得到了有效的验证，因此本书主要采用基于局部信息的相似性算法。

最简单的基于局部信息的相似性指标是共同邻居（*Common Neighbors*，*CN*），指两个节点的共同邻居越多则这两个节点更倾向于连边。在共同邻居的基础上又衍生出了 *Slton* 指标、*Jaccard* 指标、*Sorenson* 指标、大度节点有利指标（*Hub Promoted Index*，*HPI*）、大度节点不利指标（*Hub Depressed Index*，*HDI*）和 *LHN-I* 指标。此外，优先连接指标（*Preferential Attachment*，*PA*）、*Adamic-Adar*（*AA*）指标、资源分配（*Resource Allocation*，*RA*）均是常用的基于局部信息的相似性指标。指标的具体定义如表 6-11 所示。

目前，基于局部信息的相似性算法由于其计算简单、算法的精确性较高、适用范围较广而得到了广泛的运用。然而，现有关于基于局部信息的相似性算法的指标主要针对的是无权无向网络，针对有权有向网络的适用性受到了一定的局限。因此，需要结合有权有向网络的特征对现有指标进行改进。

138

表 6-11　　　　　　　基于局部信息的相似性指标

名称	定义	名称	定义
共同邻居（CN）	$S_{xy} = \mid \Gamma(x) \cap \Gamma(y) \mid$	大度节点不利指标（HDI）	$S_{xy} = \dfrac{\mid \Gamma(x) \cap \Gamma(y) \mid}{\max\{k(x),\ k(y)\}}$
Salton 指标	$S_{xy} = \dfrac{\mid \Gamma(x) \cap \Gamma(y) \mid}{\sqrt{k(x) \times k(y)}}$	LHN-I	$S_{xy} = \dfrac{\mid \Gamma(x) \cap \Gamma(y) \mid}{k(x) \times k(y)}$

名称	定义	名称	定义
Jaccard 指标	$S_{xy} = \dfrac{\mid \Gamma(x) \cap \Gamma(y) \mid}{\mid \Gamma(x) \cup \Gamma(y) \mid}$	优先连接指标(PA)	$S_{xy} = k(x) \times k(y)$
Sorenson 指标	$S_{xy} = \dfrac{2 \mid \Gamma(x) \cap \Gamma(y) \mid}{k(x) + k(y)}$	Adamic-Adar 指标(AA)	$S_{xy} = \displaystyle\sum_{z \in \Gamma(x) \cap \Gamma(y)} \dfrac{1}{\lg k(z)}$
大度节点有利指标(HPI)	$S_{xy} = \dfrac{\mid \Gamma(x) \cap \Gamma(y) \mid}{\min\{k(x),\ k(y)\}}$	资源分配指标(RA)	$S_{xy} = \displaystyle\sum_{z \in \Gamma(x) \cap \Gamma(y)} \dfrac{1}{k(z)}$

6.5.2　问题描述与评价方法

通过前文的分析可知，水上飞机起降安全风险网络是一个有向有权网络，本书将网络定义为 $G(V,\ E)$，其中 V 表示节点集合，E 表示边集合。假设水上飞机起降安全风险网络的节点数为 N、边数为 M，则该网络的总边数为 $N(N-1)/2$，记为网络的全集 U，本书将属于 U 但不属于 E 的边称为不存在的边。根据水上飞机起降安全风险网络的已经信息，采用一定的链路预测方法，为每对没有连边的节点对 $(x,\ y)$ 计算一个分数值 S_{xy}，由于网络具有方向性，因此 S_{xy} 的值也具有方向性。将 S_{xy} 分数值按照大小排序，排在前面的节点对出现连边的概率大。

为了测试预测结果的准确性，本书将网络的边集合 E 按照一定的比例随机地分为训练集 E^T 和测试集 E^P。其中，训练集作为已知的信息计算未连接节点对的相似性值，测试集作为要预测的网络与最终预测结果进行对比，且 $E^T \cap E^P = \varnothing$、$E^T \cup E^P = E$。

AUC（Area Under the Receiver Operating Characteristic Curve）、Precision 和 Ranking Score 是三种常用的衡量链路预测算法精确度的指标。三种衡量指标的侧重点各不同，AUC 从整体上衡量算法的精确度，Precision 只考虑排在前 L 位的连边预测的准确性，Ranking Score 主要考虑了所预测的边在排序中的位置。

（1）AUC 评价法

AUC 评价法是指在训练集对未连接节点对（属于 U 但不属于 E^T）连边预测结果的基础上，随机选择测试集中节点对的相似性值与随机选择的不存在边的相似性值进行比较，如果前者大于后者就加 1 分；如果两者相等就加 0.5 分。独立地进行 n 次比较，n_1 表示测试集中的分数值大于不存在边的分数值，n_2 表示测试集中的分数值等于不存在边的分数值，则 AUC 可表示为：

$$AUC = \frac{n_1 + 0.5n_2}{n} \tag{6-3}$$

（2）Precision 评价法

将预测节点对连边的相似性值 S_{xy} 按照降序的方式排序，$Precision$ 评价法是指排在前 L 位的节点对中预测准确的比例。假设排在前 L 位的节点对中预测准确的次数为 m，则 $Precision$ 可表示为：

$$Precision = \frac{m}{L} \tag{6-4}$$

由上式可知，m 越大，$Precision$ 的值越大，即预测结果越准确。

（3）Ranking Score 评价法

假设 $H = U - E^T$ 为未知边的集合，r_i 表示测试集中的未知边在排序中的排名，则该条边的 $Ranking\ Score$ 可表示为 $RS_i = r_i / |H|$，$|H|$ 表示集合 H 中的元素个数遍历所有在测试集中的边，系统的 $Ranking\ Score$ 值可表示为：

$$RS = \frac{1}{|E^P|} \sum_{i \in E^P} RS_i = \frac{1}{|E^P|} \sum_{i \in E^P} \frac{r_i}{|H|} \tag{6-5}$$

综上所述，上述三种评价法的侧重点不同，但是均适用于对链路预测精确性的评价，本书选择 AUC 评价法作为链路预测精确度的指标。

6.5.3　有向加权网络的链路预测算法

(1)链路预测指标的优化

本书选取基于局部信息相似性算法中的 CN、AA、RA、PA 四种指标作为水上飞机起降安全风险网络的链路预测方法，通过对比四种改进后指标对链路预测精确性，确定最终的链路预测指标。由于传统的 CN、AA、RA、PA 指标只能用于无权无向网络的预测，因此预测有权有向网络的链路演化需要对上述四种指标进行改进。本书参考已有研究中的指标改进办法[227][228]，将网络的权重、方向与相似性指标相结合，改进后的指标表达式如下：

$$S_{xy}^{WCN} = \sum_{z \in \Gamma(x) \cap \Gamma(y)} w(x, z)^{\alpha} + w(z, y)^{\alpha} \tag{6-6}$$

$$S_{xy}^{WAA} = \sum_{z \in \Gamma(x) \cap \Gamma(y)} \frac{w(x, z)^{\alpha} + w(z, y)^{\alpha}}{\log[1 + S(z)]} \tag{6-7}$$

$$S_{xy}^{WRA} = \sum_{z \in \Gamma(x) \cap \Gamma(y)} \frac{w(x, z)^{\alpha} + w(z, y)^{\alpha}}{S(z)} \tag{6-8}$$

$$S_{xy}^{WPA} = \sum_{z \in \Gamma(x) \cap \Gamma(y)} w(x, z)^{\alpha} * w(z, y)^{\alpha} \tag{6-9}$$

其中，S_{xy} 表示任意节点 x 指向节点 y 的相似性值，w 表示节点间连边的权重且该权重具有方向性，$\Gamma(x)$ 和 $\Gamma(y)$ 分别表示节点 x 和节点 y 的邻居集合，$S(z) = \sum_{x \in \Gamma(z)} w(z, x)^{\alpha} + w(x, z)^{\alpha}$ 表示节点 z 的强度，α 表示权重的调节参数。

通过对比改进后指标的预测精度，可以选出精度最高的指标作为本书的链路预测方法，由于水上飞机起降安全风险网络是一个有权有向网络，因此链路预测除了要预测未连接节点对间边的方向外还需要对边的权重进行预测。基于此，本书将预测节点对间连边的相似性值转化为该连边的权重值，转化过程如下：

$$w_p = \frac{S_{xy}}{\max(S)} \times \max(w) \tag{6-10}$$

其中，S_{xy} 表示预测节点对间的连边的相似性值，$\max(w)$ 表示网络中已存在边权重的最大值，$\max(S)$ 表示预测连边中相似性值

141

的最大值。

（2）数据处理

本书以水上飞机起降安全风险网络的子网络作为链路预测的研究对象，该子网络包括 38 个节点和 122 条链路关系，理论上该网络可以形成 $38 \times (38-1)/2 = 703$ 条边，因此未知的连边为 $703 - 122 = 581$ 条。将 90% 的边划分为训练集、剩余 10% 的边划分为测试集，则理论上可以将测试集中边的相似性值与不存在边的相似性值比较 $122 \times 10\% \times 581 = 7088$ 次，然而，由于计算机每次都是随机取样，为了保证预测结果的精确性，本书随机抽取 10000 次，将 100 次独立实验结果的平均值作为预测精确度的值。算法的具体过程如下：

第一，根据水上飞机起降安全网络的子网络信息构建对应的邻接矩阵；

第二，利用上述改进后的相似性指标运用训练集中边的信息预测不存在边(属于集合 U 但不属于集合 E^P)的相似性值并对其进行排序；

第三，对比分析四种改进后指标链路预测精确性随权重调节参数的变化情况，选取最佳的预测指标和最优权重调节参数；

第四，将最佳预测指标的相似性值按照转化为节点连边的权重值。

6.5.4 预测结果与分析

（1）预测精确度分析

四种改进后指标对水上飞机起降安全风险子网络预测精确度如图 6-5 所示。由图 6-5 可知，四种改进后算法的精确度均会随着权重调节参数 α 的变化而变化，且 RA 算法随 α 变化的精确度最大，因此期预测效果最佳，其次是含权的 AA 算法，含权 CN 算法的预测精度排第三，PA 算法的预测效果最差，当 $\alpha = -0.5$ 时，RA 算法的精确度达到最大值 0.8256；除 PA 算法外其他三种含权算法的最

优参数 α 均小于零,说明原来权重大的边在链路预测中的作用变小了,权重小的边在链路预测中的作用变大了,表现出了明显的弱连接关系,该结论与文献[228][229]的弱连接理论一致。

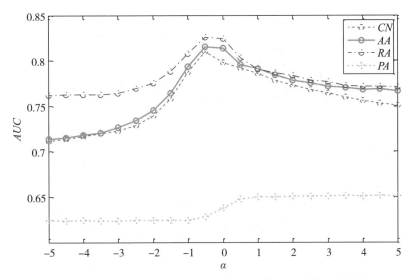

图 6-5　水上飞机起降安全风险子网络预测精度与参数 α 的关系

(2) 链路预测结果

根据上述分析,本书选择含权的 *RA* 算法作为链路预测的指标。由于水上飞机起降安全风险子网络中未连边的节点对数目较多,因此链路预测的连边数目也比较多,为了分析最有可能连边的节点对,本书列举了相似性值排在前30(排出了测试集中以右边的排序)的节点对及其连边间的权重,具体结果如表6-12所示。

表 6-12　　　　　　　　部分链路预测结果

起始节点	终止节点	相似性值	权重值	起始节点	终止节点	相似性值	权重值
x_{29}	x_{35}	1. 1204	0.9880	x_{14}	x_{10}	0.6932	0.6113

续表

起始节点	终止节点	相似性值	权重值	起始节点	终止节点	相似性值	权重值
x_{28}	x_{34}	1.1016	0.9714	x_{24}	x_{12}	0.6855	0.6045
x_{31}	x_{11}	1.0000	0.8819	x_{30}	x_2	0.6823	0.6017
x_{32}	x_{34}	0.8966	0.7907	x_7	x_{13}	0.6786	0.5984
x_{34}	x_{15}	0.8484	0.7481	x_{23}	x_{34}	0.6768	0.5968
x_{31}	x_{13}	0.8281	0.7303	x_{29}	x_{33}	0.6647	0.5862
x_{30}	x_{14}	0.7748	0.6832	x_{21}	x_{36}	0.6524	0.5753
x_{10}	x_8	0.7739	0.6824	x_{33}	x_{35}	0.6356	0.5605
x_{28}	x_{20}	0.7664	0.6759	x_{33}	x_{22}	0.6218	0.5483
x_{31}	x_{34}	0.7571	0.6677	x_{22}	x_{33}	0.6207	0.5474
x_{34}	x_{13}	0.7570	0.6676	x_{34}	x_{11}	0.6148	0.5422
x_{33}	x_{36}	0.7241	0.6386	x_{15}	x_{14}	0.6070	0.5353
x_{30}	x_{24}	0.7238	0.6383	x_{29}	x_{11}	0.6043	0.5329
x_{18}	x_1	0.7171	0.6324	x_{24}	x_1	0.5961	0.5256
x_{35}	x_{12}	0.7079	0.6243	x_{29}	x_8	0.5704	0.5030

由表 6-12 可知，相似性值排在靠前位置的节点对最可能发生连接，排在前十的节点对分别是 x_{29}（日常监管机制不完善）与 x_{35}（设备设施风险）、x_{28}（培训不足）与 x_{34}（人员风险）、x_{31}（应急监管机制不完善）与 x_{11}（飞行员违规）、x_{32}（飞行前准备不足）与 x_{34}（人员风险）、x_{34}（人员风险）与 x_{15}（地面保障人员失误）、x_{31}（应急监管机制不完善）与 x_{13}（管制员工作负荷大）、x_{30}（水上机场管理不到位）与 x_{14}（管制员工作疏忽）、x_{10}（飞行员疲劳）与 x_8（机组资源管理不到位）、x_{28}（培训不足）与 x_{20}（飞机失控）、x_{31}（应急监管机制不完善）与 x_{34}（人员风险）。对排在前十的节点对分析可知，预测的初始节点主要是管理类的风险因素，终止节点主要是人员类因素和设

备设施类因素，预测的结果表明管理因素会对人员及设备设施风险产生影响。基于此，本书提出以下预防水上飞机起降安全风险路径演化的管控思路。

首先，通过对链路预测算法精确度的分析可知，网络存在弱连接关系，原来权重较大的连边在预测中的作用减弱了，而原来权重小的连边在预测中的作用增强了，因此确定网络中已有连边的权重对确定网络中的弱连接关系至关重要，对网络中已存在连边权重小的节点对之间的作用关系进行干预，减少节点对间的相互作用，能够有效预防其在链路预测中的作用。

其次，从链路预测的结果可知，管理类因素在水上飞机起降安全风险演化的过程中发挥了重要的作用，对管理类风险因素的管控至关重要。通过加强管理监督机制、完善管理流程等手段可以有效降低相关管理风险因素在网络中的作用。

最后，结合水上飞机起降安全风险子网络中的关键风险因素和链路预测结果，在链路预测过程中有效断开与关键风险因素有连接的边，进一步减少网络中边的演化路径。

本章小结

本章首先结合前面章节对风险因素的分析，梳理了水上飞机起降安全风险因素并将风险因素划分为对应的风险事件对其进行编号。其次，通过分析水上飞机起降安全风险的特性阐明了无标度网络模型的适用性。再次，依据第 4 章结构方程模型分析的路径方向及系数值，明确各风险事件间的作用方向及作用关系强度，采用 Pajek 软件构建有向有权的水上飞机起降安全风险无标度网络拓扑结构模型，选择该网络的子网络作为算例进行分析。对子网络的度分布的分析验证了该网络的度分布符合幂律分布，分析得到了网络中各节点的度、接近度中心性、介数及三者综合平均值的排序，采用 MATLAB 仿真分析了网络的结构鲁棒性和性能鲁棒性，结果表明水上飞机起降安全风险演化网络在蓄意攻击模式下的鲁棒性较

145

差，在随机攻击模式下的鲁棒性和容错性较强。接着，根据鲁棒性分析结果明确了网络中的关键风险因素，并据此制定了断链控制策略。最后，采用基于结构相似性的链路预测法对子网络中的连边进行了预测，从边演化的角度分析了网络的演化过程，改善了断链对风险演化的控制效果。

第7章 水上飞机起降安全风险传染模型

7.1 水上飞机起降安全风险的传染延迟效应

7.1.1 传染效应

通过对上一章节的分析可知，水上飞机起降安全风险系统是一个由众多风险因素及其相互之间的作用关系组成的复杂网络结构。水上飞机起降安全系统的风险会随着时间和环境的变化呈现出不同的风险特性，它在起降安全风险网络中以风险事件之间的联系作为纽带，进行演化和传播等活动。在起降安全风险网络中，一个或者多个风险事件受到风险的冲击，会引起风险在网络中的爆发，进而引发"多米诺骨牌"效应，最终导致起降安全事故发生，如管制员的工作疏忽和地面保障人员的工作失误会传染给飞行员，使飞行员出现违章操作，进而威胁水上飞机起降安全。

在水上飞机起降安全风险网络中，诸多因素会影响风险的传染：一是网络中各节点之间的交互作用路径是风险传染的纽带，网络中某个节点的风险可以通过这种纽带扩散到其他节点，形成一系列连锁反应；二是受到外部通航市场环境的影响，市场的监管机制

147

以及审核机制不完善会使得网络中某些风险因素的安全水平无法满足要求，进而引发其他风险事件；三是各个风险因素自身的风险阈值能影响风险在网络中的扩散速度及程度。

水上飞机起降安全风险的传染具有复杂性，主要体现在：第一，风险因素间作用关系的复杂性导致了风险传染形式的复杂性；第二，水上飞机起降安全系统是一个无标度网络，随着时间的推移网络中的风险因素间会形成新的连边，使网络结构变得更加复杂，风险因素间的作用形式更加多样化，使得风险传染形式也变得多样化。

7.1.2 延迟效应

在水上飞机起降安全系统网络中，各个节点发生风险的可能性不确定，虽然存在产生风险的可能性，但是其他因素的干扰会使起降安全风险的产生出现延迟。本书中起降安全风险的延迟效应是指当网络中某个或某些节点发生风险后，由于未达到其他节点的风险爆发阈值或者通航企业对这些节点采取了临时的控制措施使其被掩盖而未表现出来，直至产生起降安全风险(安全事故)的过程。即某些节点产生风险后不会直接表现出风险的特征、也不会直接导致其他节点的风险爆发，而是通过不断积累，最终诱发起降安全风险。由此可知，起降安全风险具有延迟效应。

本书的延迟效应包括两个方面，第一，具有传染特性的节点在与其他节点接触时，可能由于该风险没有达到接触节点风险爆发的阈值，因而不会直接导致该节点出现风险，而是要通过一段时间的积累；第二，具有传染性的节点，由于通航企业的临时干预可能不会直接表现出风险的特性，然而在经过一段时间的积累后可能因为没有采取措施彻底解决该风险而导致风险在网络中爆发，进而引发起降安全事故。由此可知，水上飞机起降安全风险的延迟具有时间的概念，即起降安全风险产生的可能性在时间上向后延迟了。本书所指的延迟是指风险出现的时间被延缓而不是风险被有效治愈。风险延迟增加了风险治理的时间，然而是否延迟的时间越长越有助于控制风险的传染呢？该问题需要进一步探讨。

7.2 水上飞机起降安全风险的免疫特征

通过上述分析可知，水上飞机起降安全风险具有传染性和延迟性，当网络中发生风险传染时，如果不对其加以治理就可能会导致风险在网络中爆发，进而引发各类起降安全事故。因此，有效的免疫治理策略能使水上飞机起降安全系统具有免疫性，尽可能减少同类风险再次爆发带来的危害。本书中起降安全风险的免疫是指当网络中出现风险传染现象时，通航企业采取相应的风险管理措施，有效降低风险对起降安全产生的影响，保证通航水上飞机产业的健康发展。

起降安全风险网络中节点主要包括易感染类、潜伏类、感染类和免疫类，其中部分感染的节点通过一定的措施可以转化为免疫类节点，然而由于外部环境的不断变化使得具有免疫特性的节点仍会失去免疫效应而转化为易感染节点，因此为了提高免疫的效用，需要对易感染节点、潜伏类节点及感染类节点进行免疫，分别采取不同的针对性策略使其具有免疫功能，降低风险传染的可能性，减少起降安全事故及不安全事件发生。

由此可知，起降安全风险免疫具有以下特征：

（1）时效性

起降安全风险网络中的风险因素被免疫后，并不是一直都会具有免疫效应，而会因为环境的变化或者自身风险承受能力的改变，失去免疫效应而转化为易感染节点。因此，起降安全风险的免疫具有时效性。

（2）复杂性

起降安全风险网络中，节点的类别众多，每个节点的风险承受能力及风险所处的等级不同，且感染的节点除了转化为免疫状态外还有部分因为自身的治愈能力而转化为易感染状态，使得免疫过程更加复杂，为了更好地控制网络中的风险传染，除了要加强感染节点的免疫能力外，还要对易感染状态和潜伏状态的节点也采取免疫措施，最大限度地减少网络中起降安全风险。

（3）差异性

通过上一章的分析可知，水上飞机起降安全风险网络是一个无标度网络，且度大的节点在网络中起着关键的作用，因此，在进行免疫时需要考虑节点在网络中的重要性，进而对度较大的节点进行免疫，消除关键节点的风险传染性能有效地控制风险在网络中的传染性。由此可知，在起降安全风险的免疫治理过程中，对网络中不同地位的节点采取不同的免疫策略。

7.3　传染模型的比较与优化

水上飞机起降安全风险的演化具有显著的生物传染演化特征，风险因素之间的传递行为与病毒的扩散行为极为相似。首先，传染的环境相似，病毒是在社会网络中对其节点——"人"进行传播，传播的途径是人与人之间的交往，风险在起降安全风险演化网络中通过节点——"风险因素"进行传播，传播途径为风险因素之间的相互作用关系；其次，传播的过程相似，病毒的传播通过病毒体向与之相邻的人进行传播，邻居节点再继续向其邻居节点传播，不会跨节点进行传播，风险的传播也是在初始事件产生风险后向其邻居风险因素进行传播，通过这种陆续的影响最终导致起降安全风险爆发；最后，传染的结果相似，两者均可能导致整个系统崩溃，或者通过一定的措施使系统恢复正常状态。由此可知，起降安全风险传染特性和演化规律与病毒在社会网络上的扩散具有相似性，复杂网络的传播模型适用于分析水上飞机起降安全风险演化。

通过第 2 章对模型的比较可知，在 SI 模型中当 $t \to \infty$ 时，$I(t) \to 1$，即当时间足够充分时，SI 模型中的所有个体均会被感染称为 I 类状态，不符合常理，不适用于水上飞机起降安全风险传染的研究，但可作为借鉴。SIS 模型在 SI 模型的基础上有所改建，考虑了感染状态的个体会以一定的概率治愈后变为易感个体，然而该模型未考虑被治愈的个体会存在一定的免疫能力，不会全部转为易感个体，起降安全风险的传染过程中，当有些风险因素被采取措施控制后其将获得免疫能力不会将风险传染给其他因素，如当飞机的结构设计不合理，得到改善后不会对飞行员的视线形成遮挡进而造成起降安全风险。SIR 模型虽然考虑了免疫状态个体的存在，但未考虑随着环境等其他因素的变化导致免疫状态的个体变为易感个体的情况，起降安全风险的有些规避措施可能会存在时效性，一定时间后已控制的风险因素可能重新进入易感个体的状态。

由于风险存在一定的潜伏期，故本书在 SIS 和 SIR 传染病模型的基础上建立 SEIRS 模型，传染的过程如图 7-1 所示：

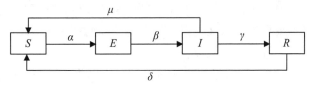

图 7-1　SEIRS 模型传染过程

由图 7-1 可知，SEIRS 模型包括易感状态 S、潜伏状态 E、感染状态 I、免疫状态 R，该模型考虑了免疫状态的风险因素转化为易感状态的情形。其中 α、β、γ、δ、μ 分别表示，易感状态转化为潜伏状态的概率、易感状态转化为感染状态的概率、感染状态转化为免疫状态的概率、免疫状态变为易感状态的概率、感染状态自愈为易感状态的概率。然而，通过前两节的分析可知，水上飞机起降安全风险传染具有时间延迟性，因此本书对已有 SEIRS 模型进行进一步的改进，加入延迟时间形成 D-SEIRS（Delay-Susceptible-Exposed-Infected-Removed）模型。

151

7.4　基于 D-SEIRS 的水上飞机起降安全风险传播模型

7.4.1　水上飞机起降安全风险传播模型的建立

(1) 模型假设

水上飞机起降安全风险具有风险的一般特性，即不确定性和损失性。由于水上飞机起降安全风险演化模型是由多个风险因素相互作用形成的复杂网络，某些风险因素恶化后会传播给其他风险因素甚至危害整个网络，因此起降安全风险还具有动态性和传播性，这在一定程度上增加了水上飞机起降安全风险演化网络的脆弱性。因此，构建水上飞机起降安全风险传播模型，用以探究水上飞机起降安全风险的内在规律，为通航企业制定水上飞机起降安全风险传染控制策略具有重要的意义。根据传染病传播原理及无标度网络拓扑特性，对本书做出如下假设：

假设 1：水上飞机起降安全风险无标度网络中的节点分为易感染类 S、潜伏类 E（已经感染了风险但是未表现出来，但具有传播风险的能力）、感染类 I、免疫类 R（风险被消除且具有一定的抵抗风险能力，但并不是一直具有抵抗能力仍可能变为易感染类）四大类，将 $S_k(t)$、$E_k(t)$、$I_k(t)$、$R_k(t)$ 表示为 t 时刻度为 k 的节点中四类个体的密度，且满足 $S_k(t) + E_k(t) + I_k(t) + R_k(t) = 1$ 和 $0 \leqslant S_k(t)$，$E_k(t)$，$I_k(t)$，$R_k(t) \leqslant 1$。

假设 2：α、β、γ、δ、μ 分别表示，易感状态转化为潜伏状态的概率、潜伏状态转化为感染状态的概率、感染状态转化为免疫状态的概率、免疫状态变为易感状态的概率、感染状态自愈为易感状态的概率，且上述参数均在 0~1 的常数。

假设 3：ρ_1 和 ρ_2 分别表示潜伏类节点和感染类节点的传染率，$\Theta_1(t)$ 和 $\Theta_2(t)$ 分别表示在 t 时刻易感染节点与潜伏类节点的关联概率和易感染节点与感染类节点的关联概率，且上述参数的取值均为 0~1。

假设 4：T 表示水上飞机起降安全风险无标度网络中风险传染的延迟时间，且假设网络中潜伏类节点和感染类节点的传染延迟时间相同。

基于以上假设，本书将通过建立基于复杂网络的起降安全风险传播模型用于分析水上飞机起降安全网络中风险的传递规律及其演化过程。

(2) 模型构建

基于以上假设，根据平均场理论构建无标度网络模型中的水上飞机起降安全风险传染延迟模型微分方程组如下：

$$
\begin{cases}
\dfrac{\mathrm{d}S_k(t)}{\mathrm{d}t} = -\alpha k[\rho_1\Theta_1(t) + \rho_2\Theta_2(t)]S_k(t) + \mu I_{k,T}(t) + \delta R_k(t) \\[2mm]
\dfrac{\mathrm{d}E_{k,0}(t)}{\mathrm{d}t} = \alpha k[\rho_1\Theta_1(t) + \rho_2\Theta_2(t)]S_k(t) - \beta E_{k,0}(t) \\[2mm]
\dfrac{\mathrm{d}E_{k,1}(t)}{\mathrm{d}t} = -\beta E_{k,1}(t) + \beta E_{k,0}(t) \\[2mm]
\cdots \\[2mm]
\dfrac{\mathrm{d}E_{k,T}(t)}{\mathrm{d}t} = -\beta E_{k,T}(t) + \beta E_{k,T-1}(t) \\[2mm]
\dfrac{\mathrm{d}I_{k,0}(t)}{\mathrm{d}t} = -(\gamma + \mu)I_{k,0}(t) + \beta E_{k,T}(t) \\[2mm]
\dfrac{\mathrm{d}I_{k,1}(t)}{\mathrm{d}t} = -(\gamma + \mu)I_{k,1}(t) + (\gamma + \mu)I_{k,0}(t) \\[2mm]
\cdots \\[2mm]
\dfrac{\mathrm{d}I_{k,T}(t)}{\mathrm{d}t} = -(\gamma + \mu)I_{k,T}(t) + (\gamma + \mu)I_{k,T-1}(t) \\[2mm]
\dfrac{\mathrm{d}R_k(t)}{\mathrm{d}t} = \gamma I_{k,T}(t) - \delta R_k(t)
\end{cases}
$$

(7-1)

式 (7-1) 中 $E_{k,\tau}(t)$、$I_{k,\tau}(t)$ 分别表示度为 k 的潜伏节点和感

染节点在 $t - \tau$ 时刻的密度，且满足 $E_k(t) = \sum_{\tau=0}^{T} E_{k,\tau}(t)$，$I_k(t) = \sum_{\tau=0}^{T} I_{k,\tau}(t)$，$\Theta_1(t) = \dfrac{\sum kP(k)E_k(t)}{\langle k \rangle}$，$\Theta_2(t) = \dfrac{\sum kP(k)I_k(t)}{\langle k \rangle}$。令式（7-1）的右边等于零可知，$E_{k,0} = E_{k,1} = \cdots = E_{k,T}$，$I_{k,0} = I_{k,1} = \cdots = I_{k,T}$，令 $\rho = \rho_1 \Theta_1(t) + \rho_2 \Theta_2(t)$，将式（7-1）简化为：

$$\begin{cases} \dfrac{\mathrm{d}S_k(t)}{\mathrm{d}t} = -\alpha k\rho S_k(t) + \dfrac{\mu}{T+1}I_k(t) + \delta R_k(t) \\[2mm] \dfrac{\mathrm{d}E_k(t)}{\mathrm{d}t} = \alpha k\rho S_k(t) - \dfrac{\beta}{T+1}E_k(t) \\[2mm] \dfrac{\mathrm{d}I_k(t)}{\mathrm{d}t} = \dfrac{\beta}{T+1}E_k(t) - \dfrac{\mu+\gamma}{T+1}I_k(t) \\[2mm] \dfrac{\mathrm{d}R_k(t)}{\mathrm{d}t} = \dfrac{\gamma}{T+1}I_k(t) - \delta R_k(t) \end{cases} \quad (7\text{-}2)$$

当 $\delta = 0$ 时，免疫状态个体会一直保持不会减少，模型可简化为 SEIR 模型；当 $\delta \to \infty$ 时，免疫状态较弱可忽略，模型可简化为 SEIS 模型；当 $\beta \to \infty$ 时，潜伏状态很弱可忽略，模型可简化为 SIRS 模型。

（3）模型平衡点及稳定性分析

①风险规避平衡点及稳定性分析

根据公式 $S_k(t) + E_k(t) + I_k(t) + R_k(t) = 1$，式（7-2）的平衡点满足：

$$\begin{cases} \alpha k\rho [1 - E_k(t) - I_k(t) - R_k(t)] + \dfrac{\beta}{T+1}E_k(t) = 0 \\[2mm] \dfrac{\beta}{T+1}E_k(t) - \dfrac{\mu+\gamma}{T+1}I_k(t) = 0 \\[2mm] \dfrac{\gamma}{T+1}I_k(t) - \delta R_k(t) = 0 \end{cases} \quad (7\text{-}3)$$

由此可知，$S_k(t) = \dfrac{\mu+\gamma}{\alpha k\rho(T+1)}I_k(t)$，$E_k(t) = \dfrac{\mu+\gamma}{\beta}I_k(t)$，

$$R_k(t) = \frac{\gamma}{\delta(T+1)} I_k(t),\quad 式(7\text{-}3)的平稳解为:$$

$$
\begin{cases}
S_k(t) = \dfrac{\beta\delta(\mu+\gamma)}{\beta\delta(\mu+\gamma) + [\beta(\gamma+\delta(T+1)) + \delta(\mu+\gamma)(T+1)]\alpha k\rho} \\[3mm]
E_k(t) = \dfrac{\alpha\delta(\mu+\gamma)k\rho(T+1)}{\beta\delta(\mu+\gamma) + [\beta(\gamma+\delta(T+1)) + \delta(\mu+\gamma)(T+1)]\alpha k\rho} \\[3mm]
I_k(t) = \dfrac{\alpha\beta\delta k\rho(T+1)}{\beta\delta(\mu+\gamma) + [\beta(\gamma+\delta(T+1)) + \delta(\mu+\gamma)(T+1)]\alpha k\rho} \\[3mm]
R_k(t) = \dfrac{\alpha\beta\gamma k\rho}{\beta\delta(\mu+\gamma) + [\beta(\gamma+\delta(T+1)) + \delta(\mu+\gamma)(T+1)]\alpha k\rho}
\end{cases}
$$

$$(7\text{-}4)$$

将式(7-4)的结果代入 $\rho = \rho_1\Theta_1(t) + \rho_2\Theta_2(t)$,可得:

$$\rho = \rho_1\Theta_1(t) + \rho_2\Theta_2(t) = \frac{1}{\langle k \rangle}\left(\frac{\rho_1(\mu+\gamma)}{\beta} + \rho_2\right)\sum kP(k)I_k(t)$$

$$= \frac{1}{\langle k \rangle}\left(\frac{\rho_1(\mu+\gamma)}{\beta} + \rho_2\right)\sum \frac{k^2 P(k)\alpha\beta\delta(T+1)\rho}{\beta\delta(\mu+\gamma) + [\beta(\gamma+\delta(T+1)) + \delta(\mu+\gamma)(T+1)]\alpha k\rho}$$

$$(7\text{-}5)$$

由此可知式(7-5)存在一个平凡解 $\rho = 0$,即无风险的平衡点 $S_k = 1$,$E_k = I_k = R_k = 0$。

此时,风险规避平衡点 $(E, I, R) = (0, 0, 0)$ 处的 Jacobi 矩阵为:

$$
J_{(0,0,0)} = \begin{bmatrix}
-\dfrac{\beta}{T+1} & 0 & 0 \\[3mm]
\dfrac{\beta}{T+1} & -\dfrac{(\mu+\gamma)}{T+1} & 0 \\[3mm]
0 & \dfrac{\gamma}{T+1} & -\delta
\end{bmatrix}
$$

该矩阵的特征方程为:$\left(x + \dfrac{\beta}{T+1}\right)\left(x + \dfrac{\mu+\gamma}{T+1}\right)(x + \delta) = 0$。

由 Routh-Hurwitz 判别可知,所有特征根均具有负实部。因此,系统平衡点 (1, 0, 0, 0) 渐近稳定。

②风险爆发平衡点及稳定性分析

令 $f(\rho) = \rho$，将 $f(\rho)$ 对 ρ 求导得:

$$f'(\rho) = \frac{\langle k^2 \rangle}{\langle k \rangle}\left(\frac{\rho_1(\mu + \gamma)}{\beta} + \rho_2\right)$$

$$\frac{\alpha\beta\delta(T + 1) \times \beta\delta(\mu + \gamma)}{[\beta\delta(\mu + \gamma) + [\beta(\gamma + \delta(T + 1)) + \delta(\mu + \gamma)(T + 1)]\alpha k\rho]^2}$$

$$(7\text{-}6)$$

由此可知, $f'(\rho) > 0$ 且 $f''(\rho) < 0$, $f(\rho)$ 单调递增, 因此只有当 $f'(\rho)\big|_{\rho=0} \geq 1$ 时, 式(7-5)才存在非平凡解, 此时的临界条件为 $f'(\rho)\big|_{\rho=0} = 1$, 即:

$$\frac{\langle k^2 \rangle}{\langle k \rangle}\left(\frac{\rho_1(\mu + \gamma)}{\beta} + \rho_2\right)\frac{\alpha(T + 1)}{\mu + \gamma} = 1 \qquad (7\text{-}7)$$

令 $R = \dfrac{\langle k^2 \rangle}{\langle k \rangle}\left(\dfrac{\rho_1(\mu + \gamma)}{\beta} + \rho_2\right)\dfrac{\alpha(T + 1)}{\mu + \gamma}$, 则 R 称为基本再生数, 当 $R \leq 1$ 时, 风险消失, 存在风险规避平衡点 $(1, 0, 0, 0)$, 且该平衡点是全局渐近稳定; 当 $R > 1$ 时, 风险会经过一定的控制后处于稳定, 存在唯一的风险爆发平衡点 (S^*, E^*, I^*, R^*)。将基本再生数 R 代入 ρ^* 的表达式可得 $S^* = \dfrac{1}{R}I^*$, $E^* = \dfrac{\mu + \gamma}{\beta}I^*$, $R^* = \dfrac{\gamma}{\delta(T + 1)}I^*$。此时风险规避平衡点 $(E, I, R) = (E^*, I^*, R^*)$ 处的 Jacobi 矩阵为:

$$J_{(E^*, I^*, R^*)}$$

$$= \begin{bmatrix} -\dfrac{R(\mu + \gamma)}{T + 1}I^* - \dfrac{\beta}{T + 1} & \dfrac{R(\mu + \gamma)}{T + 1}(S^* - I^*) & -\dfrac{R(\mu + \gamma)}{T + 1}I^* \\[3mm] \dfrac{\beta}{T + 1} & -\dfrac{(\mu + \gamma)}{T + 1} & 0 \\[3mm] 0 & \dfrac{\gamma}{T + 1} & -\delta \end{bmatrix}$$

该矩阵的特征方程为: $x^3 + a_1 x^2 + a_2 x + a_3 = 0$, 其中

$$a_1 = \frac{R(\mu + \gamma)}{T + 1}I^* + \frac{\beta}{T + 1} + \frac{\mu + \gamma}{T + 1} + \delta > 0,$$

$$a_2 = \delta\left(\frac{(\mu + \gamma)}{T + 1} + \frac{R(\mu + \gamma)}{T + 1}I^* + \frac{\beta}{T + 1}\right)$$
$$+ \frac{(\mu + \gamma)}{T + 1}\left(\frac{R(\mu + \gamma)}{T + 1}I^* + \frac{\beta}{T + 1}\right)$$
$$- \frac{\beta}{T + 1}\frac{R(\mu + \gamma)}{T + 1}(S^* - I^*) > 0$$

$$a_3 = \delta\left(\frac{\mu + \gamma}{T + 1}\left(\frac{R(\mu + \gamma)}{T + 1}I^* + \frac{\beta}{T + 1}\right)\right) - \frac{\beta}{T + 1}\frac{R(\mu + \gamma)}{T + 1}(S^* - I^*) > 0$$

$$a_1 a_2 - a_3 > 0$$

由 Routh-Hurwitz 判别可知，所有特征根均具有负实部。因此，系统平衡点 (S^*, E^*, I^*, R^*) 渐近稳定。

令 $\lambda = \left(\dfrac{\rho_1(\mu + \gamma)}{\beta} + \rho_2\right)\dfrac{\alpha}{\mu + \gamma}$，则 $\lambda_c = \dfrac{\langle k \rangle}{\langle k^2 \rangle(T + 1)}$，其中 λ 为网络中风险的有效传播率，λ_c 为风险传染阈值。由此可知，当 $N \to \infty$ 时，$\langle k^2 \rangle \to \infty$，$\lambda_c \to 0$，即无标度网络中很小的传染率也能使风险持久存在。

（4）稳态密度分析

在无标度网络中，网络的平均度和度分布满足：

$$P(k) = 2m^2 k^{-3}, \quad \langle k \rangle = \int_m^\infty kP(k) = 2m \tag{7-8}$$

式 (7-8) 中 m 表示网络中最小连接边数，将式 (7-8) 代入式 (7-5) 中可得：

$$\rho = \left(\frac{\rho_1(\mu + \gamma)}{\beta} + \rho_2\right)$$
$$\int_m^\infty \frac{m\alpha\beta\delta(T + 1)\rho}{[\beta\delta(\mu + \gamma) + [\beta(\gamma + \delta(T + 1)) + \delta(\mu + \gamma)(T + 1)]\alpha k\rho]k} dk$$

将上式对 k 求积分得：

$$\rho = \frac{\beta\delta(\mu + \gamma)}{m\alpha[\beta(\gamma + \delta(T + 1)) + \delta(\mu + \gamma)(T + 1)]\left(e^{\frac{\beta(\mu + \gamma)}{[\rho_1(\mu + \gamma) + \rho_2\beta]m\alpha(T + 1)}} - 1\right)} \tag{7-9}$$

157

整个网络中感染节点的比例 $I = \sum P(k)I_k(t)$，其中 $I_k(t)$ 表示度为 k 的节点稳定状态下感染状态的比例，I 的表达式如下：

$$I = \sum 2m^2 k^{-3} \frac{\alpha\beta\delta k\rho(T+1)}{\beta\delta(\mu+\gamma) + [\beta(\gamma+\delta(T+1)) + \delta(\mu+\gamma)(T+1)]\alpha k\rho}$$

$$= 2m^2 \int_m^\infty \frac{\alpha\beta\delta\rho(T+1)}{[\beta\delta(\mu+\gamma) + [\beta(\gamma+\delta(T+1)) + \delta(\mu+\gamma)(T+1)]\alpha k\rho]k^2} dk$$

$$= \frac{2\beta\delta[m\alpha(\rho_1(\mu+\gamma)+\rho_2\beta)(e^{\frac{\beta(\mu+\gamma)}{(\rho_1(\mu+\gamma)+\rho_2\beta)m\alpha(T+1)}}-1)(T+1) - \beta(\mu+\gamma)]}{m\alpha(e^{\frac{\beta(\mu+\gamma)}{(\rho_1(\mu+\gamma)+\rho_2\beta)m\alpha(T+1)}}-1)^2(\rho_1(\mu+\gamma)+\rho_2\beta)[\beta(\gamma+\delta(T+1))+\delta(\mu+\gamma)(T+1)]}$$

$$(7\text{-}10)$$

由此可知，I 为感染节点的稳态密度，根据式(7-2)可分别求出易感染节点、潜伏节点及免疫节点的稳态密度：

$$
\begin{cases}
S = \dfrac{m\alpha(\rho_1(\mu+\gamma)+\rho_2\beta)(e^{\frac{\beta(\mu+\gamma)}{(\rho_1(\mu+\gamma)+\rho_2\beta)m\alpha(T+1)}}-1)(e^{\frac{\beta(\mu+\gamma)}{(\rho_1(\mu+\gamma)+\rho_2\beta)m\alpha(T+1)}}-3)(T+1)+2\beta(\mu+\gamma)}{m\alpha(e^{\frac{\beta(\mu+\gamma)}{(\rho_1(\mu+\gamma)+\rho_2\beta)m\alpha(T+1)}}-1)^2(\rho_1(\mu+\gamma)+\rho_2\beta)(T+1)} \\[3em]
E = \dfrac{2(\mu+\gamma)\delta[m\alpha(\rho_1(\mu+\gamma)+\rho_2\beta)(e^{\frac{\beta(\mu+\gamma)}{(\rho_1(\mu+\gamma)+\rho_2\beta)m\alpha(T+1)}}-1)(T+1)-\beta(\mu+\gamma)]}{m\alpha(e^{\frac{\beta(\mu+\gamma)}{(\rho_1(\mu+\gamma)+\rho_2\beta)m\alpha(T+1)}}-1)^2(\rho_1(\mu+\gamma)+\rho_2\beta)[\beta(\gamma+\delta(T+1))+\delta(\mu+\gamma)(T+1)]} \\[3em]
R = \dfrac{2\beta\gamma[m\alpha(\rho_1(\mu+\gamma)+\rho_2\beta)(e^{\frac{\beta(\mu+\gamma)}{(\rho_1(\mu+\gamma)+\rho_2\beta)m\alpha(T+1)}}-1)(T+1)-\beta(\mu+\gamma)]}{m\alpha(T+1)(e^{\frac{\beta(\mu+\gamma)}{(\rho_1(\mu+\gamma)+\rho_2\beta)m\alpha(T+1)}}-1)^2(\rho_1(\mu+\gamma)+\rho_2\beta)[\beta(\gamma+\delta(T+1))+\delta(\mu+\gamma)(T+1)]}
\end{cases}
$$

$$(7\text{-}11)$$

7.4.2　水上飞机起降安全风险传染模型仿真分析

（1）参数假设

根据前文的假设，α 表示易感状态转化为潜伏状态的概率、β 表示潜伏状态转化为感染状态的概率、γ 表示感染状态转化为免疫状态的概率、δ 表示免疫状态变为易感状态的概率、μ 表示感染状态自愈为易感状态的概率。结合水上飞机起降工作的实际情况，对上述参数进行赋值：$\alpha = 0.3$、$\beta = 0.4$、$\gamma = 0.8$、$\mu = 0.2$、$\delta = 0.4$。由于水上飞机业务在我国仍处于起步阶段，正式开展该业务的单位较少，为了保障安全相关部门对水上飞机的起降提出了较严格的规定，在一定程度上降低了风险因素的产生，因此 α 的值较小；影响水上飞机起降安全的风险因素均具有一定的风险阈值并不是一感染风险就变为感染因素而是存在一定的潜伏期，变为潜伏期风险因素更容易转换为感染状态的风险因素，据此设置了 β 的值；当网络中的风险爆发后会导致起降不安全事件产生，相关部门会加强重视对不安全事件的总结及完善相关应急预案和监管措施，避免相同的不安全事件再次发生，在二次感染时能迅速做出反应，因此 γ 的值较大；由于水上飞机的起降过程暴露在多变且复杂的环境之下，加上风险因素会出现变异，因此将 δ 的值定得较高。

（2）仿真结果分析

①传染阈值仿真分析

通过上述分析可知，$\lambda = \left(\dfrac{\rho_1(\mu + \gamma)}{\beta} + \rho_2 \right) \dfrac{\alpha}{\mu + \gamma}$，即风险的有效传染率受到易感状态转化为潜伏状态的概率 α、潜伏状态转化为感染状态的概率 β、感染状态转化为免疫状态的概率 γ、免疫状态变为易感状态的概率 δ、感染状态自愈为易感状态的概率 μ 以及潜伏节点和感染节点的传染率 ρ_1 和 ρ_2 的影响。

本书将参数设置为常数，分析有效传播率随网络规模变化的规律，由 $\lambda_c = \dfrac{\langle k \rangle}{\langle k^2 \rangle (T + 1)}$ 可知，水上飞机起降安全风险演化网络的传播阈值与网络的平均度 $\langle k \rangle$、$\langle k^2 \rangle$ 及延迟时间 T 有关，而当网络规模足够大时，网络的平均度 $\langle k \rangle \approx 2m$、$\langle k^2 \rangle \approx 2m^2 \ln K_c / m$、$K_c \approx m N^{1/2}$，其中 K_c 为网络中度的最大值，m 为网络中最小连接边数，N 为网络的节点总数，通过变换可得 $\lambda_c = \dfrac{1}{m(T + 1)\ln N^{1/2}}$，由此可知网络中风险传染阈值 λ_c 是网络规模 N 和延迟时间 T 的函数，网络规模越大，起降安全风险传染的阈值越小，该现象解释了无标度网络中风险传染率很低的情况下风险仍然能够持久的原因；延迟时间越长，网络中的风险传染阈值越小。

159

通过第 4 章的分析可知，水上飞机起降安全风险网络是一个无标度网络，且 $\langle k \rangle \approx 6$。本书假设 $m = 3$，由此可得到传播阈值 λ_c 与 T 和 N 之间的关系如图 7-2 和图 7-3 所示。

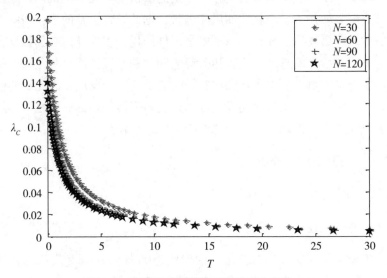

图 7-2　传染阈值随延迟时间的变化规律

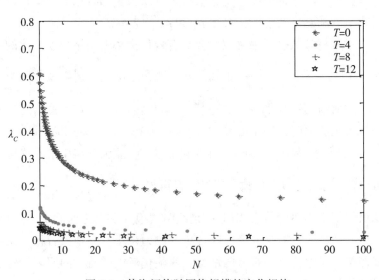

图 7-3　传染阈值随网络规模的变化规律

图 7-2 分析了网络中风险传播阈值在不同的网络规模下随风险传染延迟时间的变化规律。当网络规模一定时，传染阈值随着延迟时间的增加呈现出下降的趋势，当延迟时间足够长时传播阈值的值接近零，说明在网络中风险传染延迟最终会增加风险传染的可能性；当延迟时间一定且较短时，网络的规模不同其传播阈值也存在差异，网络规模越大其传染阈值越低，这符合无标度网络的传播特征，然而当延迟时间足够长时，不同规模的网络传染阈值几乎相同。

图 7-3 分析了网络的传染阈值在不同的延迟时间下随网络规模的变化规律。网络的传染阈值随着网络规模的增加呈现出下降的趋势，且有时间延迟的阈值低于无延迟，当存在时间延迟且网络规模足够大时，网络的传染阈值几乎为零，然而当不存在时间延迟且网络规模足够大时，传染阈值会下降然而网络的结构特征使其不会降为零；当网络规模足够大时，不同延迟时间下的传染阈值会趋于相同。

对比图 7-2 和图 7-3 可知，风险传染阈值随延迟时间的边际变化量大于随网络规模的边际变化量，说明传染阈值对风险延迟时间更加敏感，即风险延迟比网络规模更容易改变传染阈值。

②稳态密度仿真分析

a. 稳态密度与有效传染率的关系。

将 $\lambda = \left(\dfrac{\rho_1 (\mu + \gamma)}{\beta} + \rho_2 \right) \dfrac{\alpha}{\mu + \gamma} = \dfrac{\alpha [\rho_1 (\mu + \gamma) + \rho_2 \beta]}{\beta (\mu + \gamma)}$ 代入感染节点稳态密度的表达式（6.10）中，并将参数 $\alpha = 0.3$、$\beta = 0.4$、$\gamma = 0.8$、$\delta = 0.4$、$\mu = 0.2$、$m = 3$ 代入表达式得到 I 与 T、λ 的关系式如下，

$$I = \frac{12\lambda \left(e^{\frac{1}{3\lambda(T+1)}} - 1 \right)(T + 1) - 4}{3\lambda \left(e^{\frac{1}{3\lambda(T+1)}} - 1 \right)^2 (7T + 11)}$$

采用 MATLAB 数值模拟分析感染节点的稳态密度随 λ 和 T 的变化规律，具体结果如图 7-4 和图 7-5 所示。

图 7-4 分析了延迟时间 $T = 0，4，8，12$ 四种情况下感染节点

161

稳态密度随有效传染率的变化规律，由图可知，网络中感染节点的稳态密度随风险有效传染率的增加而增加，有时间延迟的稳态密度增加幅度大于无时间延迟的情况，且当传染率一定时延迟时间越长感染节点的稳态密度越大。

图 7-5 分析了有效传染率 λ = 0.01，0.05，0.25，0.5 四种情况下感染节点稳态密度随延迟时间的变化规律。感染节点的稳态密度随着延迟时间的增加呈现出了增长的趋势，因为网络的风险传染阈值是延迟时间的反函数，延迟时间越长风险传染阈值越低，风险的有效传染率超过传染阈值的可能性越大；当延迟时间足够大时，不管有效传染率的值是多少，最终的稳态密度会趋于同一个值，表明网络中的风险传染达到了稳定状态，这一结果符合前文对延迟效应的分析，延迟只是延缓了风险在网络中的传染达到稳定状态的时间，并不能消除风险传染效应。

由图 7-6 可知，感染节点稳态密度随有效传染率的边际变化量大于随延迟时间的变化量，说明有效传染率对感染节点稳态密度的影响效果大于风险延迟时间的影响。

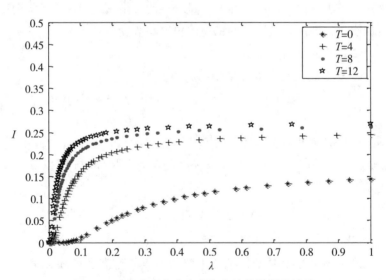

图 7-4　感染节点稳态密度与有效传染率的关系

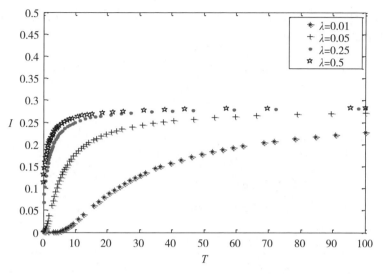

图 7-5 感染节点稳态密度与延迟时间的关系

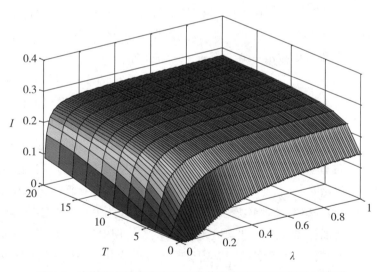

图 7-6 感染节点稳态密度与有效传染率和延迟时间的三维图

b. 稳态密度与延迟时间的关系。

针对本书提出的水上飞机起降安全风险演化无标度网络模型，结合风险传染的方程式，对模型进行了数值仿真。将参数的值代入式(7-10)、式(7-11)可得各类节点稳定态密度与 T、ρ_1 及 ρ_2 之间的关系式如下：

$$
\begin{cases}
S = \dfrac{9(\rho_1 + 0.4\rho_2)\left(e^{\frac{4}{9(\rho_1 + 0.4\rho_2)(T+1)}} - 1\right)\left(e^{\frac{4}{9(\rho_1 + 0.4\rho_2)(T+1)}} - 3\right)(T+1) + 8}{9(\rho_1 + 0.4\rho_2)\left(e^{\frac{4}{9(\rho_1 + 0.4\rho_2)(T+1)}} - 1\right)^2(T+1)} \\[4mm]
E = \dfrac{9(\rho_1 + 0.4\rho_2)\left(e^{\frac{4}{9(\rho_1 + 0.4\rho_2)(T+1)}} - 1\right)(T+1) - 4}{9(\rho_1 + 0.4\rho_2)\left(e^{\frac{4}{9(\rho_1 + 0.4\rho_2)(T+1)}} - 1\right)^2(0.7T + 1.1)} \\[4mm]
I = \dfrac{3.6(\rho_1 + 0.4\rho_2)\left(e^{\frac{4}{9(\rho_1 + 0.4\rho_2)(T+1)}} - 1\right)(T+1) - 1.6}{9(\rho_1 + 0.4\rho_2)\left(e^{\frac{4}{9(\rho_1 + 0.4\rho_2)(T+1)}} - 1\right)^2(0.7T + 1.1)} \\[4mm]
R = \dfrac{7.2(\rho_1 + 0.4\rho_2)\left(e^{\frac{4}{9(\rho_1 + 0.4\rho_2)(T+1)}} - 1\right)(T+1) - 3.2}{9(\rho_1 + 0.4\rho_2)\left(e^{\frac{4}{9(\rho_1 + 0.4\rho_2)(T+1)}} - 1\right)^2(0.7T + 1.1)(T+1)}
\end{cases}
$$

$$(7\text{-}12)$$

当网络规模 $N = 1000$ 时，在没有延迟的情况下，网络的传染阈值最大 $\lambda_c(\max) = 0.0965$，此时风险的有效传染率 $\lambda = 0.75\rho_1 + 0.3\rho_2$。分别分析在 $\rho_1 = 0.01$、$\rho_2 = 0.02$ 和 $\rho_1 = 0.2$、$\rho_2 = 0.4$ 两种情境下，$\lambda < \lambda_c(\max)$ 和 $\lambda > \lambda_c(\max)$ 情形下，起降安全风险网络中各类节点稳态密度随延迟时间的变化，采用 MATLAB 仿真分析网络中各类节点的稳态密度随着 T 的变化规律，具体结果如图 7-7 所示。

图 7-7 上方子图分析的是当在 $\rho_1 = 0.01$、$\rho_2 = 0.02$，即初始的有效传染率小于传染阈值时，网络的稳态密度随着延迟时间的变化情况。初始时刻(传染延迟时间为零)网络中易感染节点的密度为 1，潜伏类、感染类及免疫类节点的稳态密度为 0。随着传染延迟时间的增加，风险的传染阈值逐渐下降，从左边的图可知当延迟时间小于 5 时，各类节点的稳态密度并未发生变化，说明风险的有效传染率一直小于传染阈值；当延迟时间大于 5 时，易感染节点的稳态密度迅速下降，当延迟时间足够长时其密度会降为 0，潜伏类节点和感染类节点的稳态密度呈现出上升的趋势最终会趋于平衡且潜伏类节点稳态密度接近 0.7、感染类节点稳态密度接近 0.3，免疫类节点的稳态密度变化幅度较小但是总体呈现出了先增加后减少直

至为 0 的趋势，这表明当延迟时间大于 5 时，由于风险的有效传染率大于传染阈值，风险在网络中爆发，此时通航企业采取的临时性措施会使部分感染性因素变为易感染类因素进而转化为潜伏类节点，因此网络最后趋于平衡时，潜伏类节点的稳态密度最大。

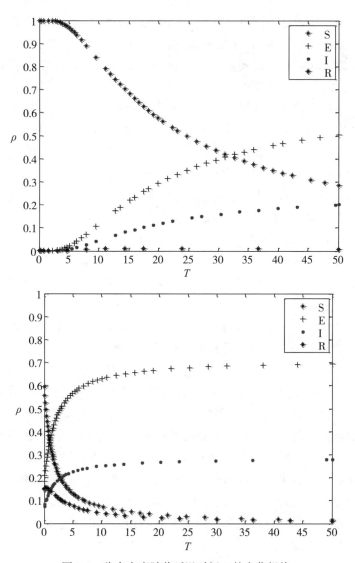

图 7-7 稳态密度随着延迟时间 T 的变化规律

图 7-7 下方子图分析的是当 $\rho_1 = 0.2$、$\rho_2 = 0.4$，即网络中风险的初始有效传染率大于传染阈值时，网络的稳态密度随传染延迟时间的变化情况。由图 7-6 可知，在初始时刻网络中四类节点的稳态密度分别近似于 0.58、0.19、0.08、0.15，当风险延迟效应出现时，不管延迟时间的长短风险均会在网络中传染，导致易感染节点的稳态密度快速下降直至为 0，潜伏节点和感染节点的稳态密度增加分别趋于 0.7 和 0.3，免疫类节点缓慢增加后迅速降低至 0。

综上可知，当有效传染率小于传染阈值时，需要较长的传染延迟时间才能使各类节点的稳态密度达到平衡状态，而当有效传染率大于传染阈值时，只需要较短的延迟时间即可达到平衡状态，这表明风险传染延迟在有效传染率小于传染阈值的情况下发挥的作用大于有效传染率大于传染阈值的情况。潜伏节点和感染节点风险传染率的不同取值会对初始时刻的稳态密度产生影响，并不会影响最终达到平衡状态的稳态密度的值。该结果为制定水上飞机起降安全风险传染控制策略提供了一定的理论指导。

c. 稳态密度与传染率 ρ_1、ρ_2 的关系。

为了分析感染节点、潜伏节点与 ρ_1、ρ_2 共同的变化关系，通过对上述稳态密度随时间的变化分析结果可知，当传染密度很小时，延迟时间超过 5 时才会出现传染，因此本书假设风险传染的延迟时间 $T = 5$，采用 MATLAB 模拟分析感染节点、潜伏节点随 ρ_1、ρ_2 的变化趋势，具体结果如图 7-8、图 7-9 所示。

由图 7-8 可知，当 ρ_1、ρ_2 取值较小接近零时，感染节点的稳态密度没有明显变化，因为此时的延迟时间是固定的也就预示着风险传染阈值一定，ρ_1、ρ_2 取值较小使得有效传染率的值较小且低于传播阈值，所以此时的风险不能在网络中扩散，感染节点的稳态密度会保持为 0，随着 ρ_1、ρ_2 的增加，有效传染率逐渐增大直至大于传染阈值，稳态密度呈现出快速增长趋势；感染节点稳态密度对 ρ_1 的边际变化量大于对 ρ_2 的边际变化量，即感染节点的稳态密度对 ρ_1 更敏感，出现这种结果是因为在有效传染率的表达式中 ρ_1 对传染率的影响更大。

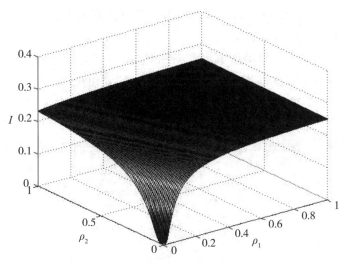

图 7-8　感染节点稳态密度随 ρ_1、ρ_2 的变化关系

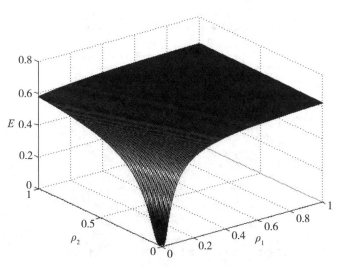

图 7-9　潜伏节点稳态密度随 ρ_1、ρ_2 的变化关系

　　图 7-9 的结果与图 7-8 的结果类似，即当 ρ_1、ρ_2 取值较小时，潜伏节点的稳态密度没有明显变化，当两者增加到一定程度时稳态

密度在表现出增长趋势，且感染节点稳态密度对 ρ_1 更敏感。

　　为了进一步探究感染节点和潜伏节点稳态密度随 ρ_1、ρ_2 和 T 的变化关系，取延迟时间 $T = 0，5，10$ 时，分别分析固定 $\rho_1 = 0.01$，感染节点和潜伏节点稳态密随 ρ_2 的变化规律；固定 $\rho_2 = 0.02$，感染节点和潜伏节点稳态密随 ρ_1 的变化规律。具体的分析结果如图 7-10 和图 7-11 所示。

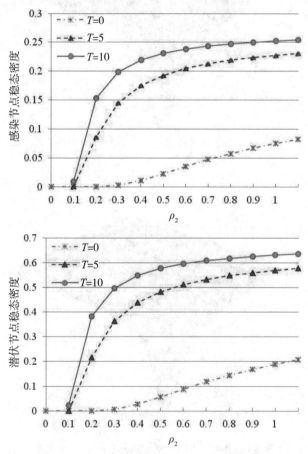

图 7-10　$\rho_1 = 0.01$ 时，感染节点和潜伏节点稳态密度随 ρ_2 的变化规律

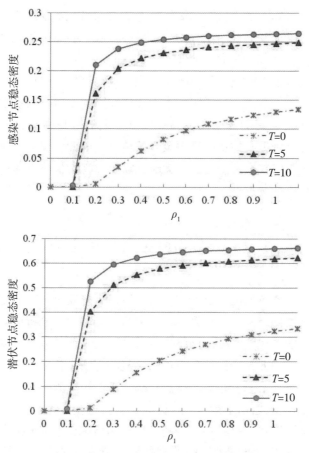

图 7-11 $\rho_2 = 0.02$ 时，感染节点和潜伏节点稳态密度随 ρ_1 的变化规律

由图 7-10 和图 7-11 可知，当 ρ_1 固定时，感染节点和潜伏节点的稳态密度随 ρ_2 的增加而增加，当 ρ_2 固定时，感染节点和潜伏节点的稳态密度随 ρ_1 的增加而增加；风险延迟加快了风险在网络中的传染，使感染节点和潜伏节点的稳态密度增大；风险爆发平衡点处潜伏节点的稳态密度大于感染节点的稳态密度。对比图 7-10 和图 7-11 可知，固定 ρ_2 得到的感染节点和潜伏节点平衡状态的稳态密度大于固定 ρ_1 结果，这说明 ρ_1 的增加更容易使水上飞机起降安全风险爆发。

　　综上可知，感染状态和潜伏状态节点的稳态密度均随着 ρ_1、ρ_2 的增加而增加，当 ρ_1、ρ_2 其中一个固定时，另一个取值的增加也会带来稳态密度的增加，然而效果均没有两者同时增加的效果显著，且潜伏节点的增长趋势快于感染节点，潜伏节点稳态密度的最大值大于感染节点。这说明在水上飞机起降安全风险网络中处于潜伏期的风险因素的传染性在整个风险扩散的过程中起着重要的作用，且传染延迟会加快网络中风险的传染。因此，通航企业在制定水上飞机起降安全风险控制方案时，需要重视潜伏节点的传染性以及风险传染的延迟性。

7.5　水上飞机起降安全风险目标免疫策略

　　通过前面章节的分析可知，水上飞机起降安全风险演化网络是一个无标度网络模型，结合本章对网络传染阈值的分析可知，水上飞机起降安全风险无标度网络很容易受到攻击而导致风险在整个网络中传播。因此，合适的免疫策略是复杂网络上传播动力学模型的主要研究方向之一。很多控制流行病传播的免疫策略相继被学者提出，其中最受关注的策略是随机免疫、目标免疫和熟人免疫这三类。其中，随机免疫是指完全随机地从网络中选取部分节点进行免疫，而不考虑节点感染风险的高低，被免疫的节点不再具有传染性，该方法在随机选取节点时选到度较大节点的概率较低，结合第 4 章中断链控制部分，度干预策略的效果能较好控制风险的爆发，因此要想使控制风险在网络中的传播需要对网络进行多次随机免疫直至度较大的节点被免疫，由于具有随机性因此该过程可能需要对网络中所有节点进行免疫才能控制风险传染，工作量较大。熟人免疫是指对随机选出节点的邻居节点进行免疫，该效果比随机免疫的效果要好，然而该方法所免疫的邻居节点可能不是最重要的邻居节点，这会影响免疫的效率。目标免疫是针对无标度网络模型较有效的方法，指有选择地免疫少量度较大的节点，减少风险传播的途径，该方法的缺点是需要掌握网络的全局信息，然而本书在第四章已经了解了网络的全局信息因此弥补了该方法的不足。因此，本书在综合比较了几种免疫策略后，选择目标免疫作为控制本研究中风险传播模型的控制策略。

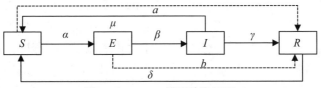

图 7-12　SEIRS 模型传染过程

假设易感染节点、潜伏节点的免疫比率分别为 a、b，则 a，$b \in [0, 1]$，其他参数的界定与前文相同，免疫后系统的微分方程可表示为：

$$
\begin{cases}
\dfrac{\mathrm{d}S_k(t)}{\mathrm{d}t} = -\alpha k\big[\,(\rho_1\Theta_1(t) + \rho_2\Theta_2(t))\,\big]S_k(t) - aS_k(t) \\
\qquad\qquad + \dfrac{\mu}{T+1}I_k(t) + \delta R_k(t) \\[2mm]
\dfrac{\mathrm{d}E_k(t)}{\mathrm{d}t} = \alpha k\big[\,(\rho_1\Theta_1(t) + \rho_2\Theta_2(t))\,\big]S_k(t) \\
\qquad\qquad - \dfrac{\beta}{T+1}E_k(t) - \dfrac{b}{T+1}E_k(t) \\[2mm]
\dfrac{\mathrm{d}I_k(t)}{\mathrm{d}t} = \dfrac{\beta}{T+1}E_k(t) - \dfrac{\mu+\gamma}{T+1}I_k(t) \\[2mm]
\dfrac{\mathrm{d}R_k(t)}{\mathrm{d}t} = aS_k(t) + \dfrac{b}{T+1}E_k(t) + \dfrac{\gamma}{T+1}I_k(t) - \delta R_k(t)
\end{cases}
$$

$$\text{(7-13)}$$

其中 $\rho = \rho_1\Theta_1(t) + \rho_2\Theta_2(t)$，根据未免疫的传染模型分析过程，同理可求出免疫后网络的有效传染率和稳态密度，在此不赘述求解过程，免疫后网络的有传染阈值 h_c 和感染节点稳态密度 I_1 如下：

$$
h_c = \frac{(a+\delta)(b+\beta)\langle k\rangle}{\beta\delta\langle k^2\rangle} \tag{7-14}
$$

171

$$I_1 = \frac{2\beta\big[m a \delta(\rho_1(\mu+\gamma)+\rho_2\beta)\big(e^{\frac{(a+\delta)(b+\beta)(\mu+\gamma)}{[\rho_1(\mu+\gamma)+\rho_2\beta]m a \delta(T+1)}}-1\big)(T+1)-(a+\delta)(b+\beta)(\mu+\gamma)\big]}{m a \big(e^{\frac{(a+\delta)(b+\beta)(\mu+\gamma)}{[\rho_1(\mu+\gamma)+\rho_2\beta]m a \delta(T+1)}}-1\big)^2[\rho_1(\mu+\gamma)+\rho_2\beta][\beta(\gamma+\delta(T+1))+(b+\delta(T+1))(\mu+\gamma)]}$$

$$(7\text{-}15)$$

　　将免疫后的有效传染率与免疫前的有效传染率和传染阈值进行比较可知，$h_c \geq \lambda_c$，表明水上飞机起降安全风险传染模型免疫后的传染阈值大于免疫前，风险在网络中的扩散能在一定程度上得到控制，有效规避了传染风险。

　　将 $\alpha=0.3$、$\beta=0.4$、$\gamma=0.8$、$\mu=0.2$、$\delta=0.4$、$\rho_1=0.01$、$\rho_2=0.02$ 代入免疫后感染节点的稳态密度表达式中，得到稳态密度与 T、a 和 b 的关系，分别分析当 $T=5$ 时，I_1 与 a、b 的关系；当 $a=0$、$b=0$，$a=0.2$、$b=0.2$，$a=0.5$、$b=0.5$，$a=1$、$b=1$ 时，I_1 与 T 的关系，本研究将免疫后的感染节点免疫密度进行归一化处理，保证了分析的说服力，I 表示未进行免疫前感染节点的稳态密度，即感染节点稳态密度的最大值，具体分析结果如图 7-13 和图 7-14 所示。

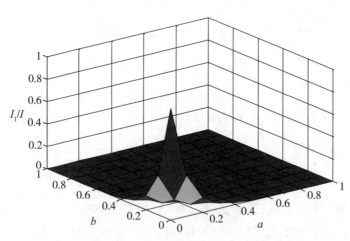

图 7-13　风险感染节点稳态密度相对值与免疫概率的关系

　　由图 7-13 可知，随着易感染节点和潜伏节点的免疫概率的增加，感染节点稳态密度的相对值显著降低，当该值降低为零时表明达到了免疫概率的阈值，这说明加强免疫能有效控制风险在水上飞机起降安全风险网络中的传染；当易感染节点和潜伏节点的免疫概率为零时，稳态密度的相对值为1，说明此时的稳态密度等于初始的稳态密度为最大值；稳态密度的相对值随易感节点的免疫概率和潜伏节点的免疫概率的边际变化量相等，说明易感节点和潜伏节点的免疫概率对感染节点稳态密度的相对值起着同样重要的作用。

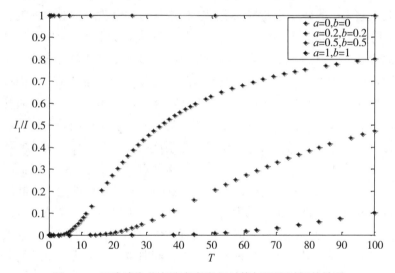

图 7-14　风险感染节点稳态密度相对值与延迟时间的关系

由图 7-14 可知，当对易感染节点和潜伏节点的免疫概率为 0 时，感染节点的相对密度保持为 1 不变，与免疫前的模型相同。当对易感染节点和潜伏节点以一定的概率进行免疫时，在延迟时间一定的情况下，免疫概率越高感染节点稳态密度的相对值越小，即免疫的效果越明显；在免疫概率一定的情况下，稳态密度的相对值呈现出先保持为 0 不变而后随着延迟时间的增加，稳态密度的相对值越高，即免疫的效果越差，出现这一现象的原因是对网络中的节点进行免疫后，风险的传染阈值增加，当延迟时间较短时，风险的传染阈值仍然大于网络的有效传染率，风险无法在网络中扩散，因此稳态密度的相对值保持为 0，但是随着延迟时间的不断增加，会进

173

一步减小传染阈值直至小于有效传染率，这时风险会在网络中扩散，导致稳态密度的相对值增加。结果表明，同时对易感节点和潜伏节点进行免疫，能有效抑制风险的传播，此外，通过控制风险在网络中的延迟时间可以加强免疫效果。

　　通过对比图 7-13 和图 7-14 可知，同时对易感染节点和潜伏节点进行免疫能有效控制风险在起降安全风险网络中的传播，且控制风险在网络中的延迟时间能加强网络对风险的免疫效果。因此，在对水上飞机起降安全监管的实际工作中，可结合第 5 章对水上飞机起降安全风险演化无标度网络模型的分析结果，针对度值排名靠前的节点进行目标免疫。第 4 章的分析结果显示度值排名较前的风险因素分别为人员风险、设备设施风险、管理风险、环境风险、飞行员视觉差、管制员工作负荷大、地面保障人员工作失误、日常监管机制不完善、飞行前准备不足、团队沟通缺失、飞行经验不足、飞行员安全意识薄弱、飞行员违规、管制员工作疏忽、飞行员技能不足等，按照一定的比例对上述风险因素节点进行目标免疫，降低网络中感染节点的稳态密度，即删除这些节点及其相连的边，阻断风险在网络中的扩散，使风险消亡。针对易感染风险因素类节点，需要通过加强通航企业日常的安全监管力度，使影响水上飞机起降安全风险的因素保持在可控制的范围内，同时也要加强飞行员、管制员及地面保障人员的业务能力，尽量将可能影响起降安全的易感染风险因素转化为潜伏状态或感染状态的概率降到最低；针对潜伏类风险因素，主要通过监测预警的手段，实时了解其风险变化情况，当发出预警信号时，及时调用应急预案控制将该风险因素的风险值降到可控范围或消除；针对感染类风险因素，采用最直接的管理手段使其转化为免疫节点，同时避免该风险因素与易感染类和潜伏类风险因素的接触概率，减少转化为感染状态风险因素的数量。考虑风险传染性的同时也需要考虑风险的延迟性，当对网络中采取免疫策略时，需要结合风险的延迟时间制定最有效的风险控制策略。

　　综上所述，目标免疫策略能有效地控制风险在水上飞机起降安全风险传染模型中的扩散，能有效提高水上飞机的起降安全。

本章小结

　　本章首先分析了水上飞机起降安全风险在无标度网络中的传染延迟效应及其免疫特征，通过对传染模型的对比分析，提出了本章的研究模型。接着运用传染病模型并结合复杂网络的平均场理论，在考虑潜伏节点传染性的同时考虑了风险传染的延迟性，构建了水上飞机起降安全风险演化的延迟传染模型（简称 D-SEIRS 模型），通过 MATLAB 模拟研究了传染阈值随网络规模和延迟时间、感染节点稳态密度随有效传染率和延迟时间、四类稳态密度随延迟时间、感染节点和潜伏节点稳态密度随传染概率的变化规律。结果表明，网络规模和延迟时间的增加均会导致水上飞机起降安全风险网络中传染阈值减小；感染节点稳态密度随着有效传染率或延迟时间的增加呈现出增长趋势；潜伏节点和感染节点的稳态密度随着延迟时间的增加而增加且潜伏节点稳态密度增加幅度大，易感染节点和免疫节点的稳态密度随着延迟时间的增加而降低接近零；感染节点和潜伏节点的稳态密度均会潜伏节点传染概率和感染节点传染两者传染概率的增加而增加。最后，针对仿真分析结果提出了目标免疫风险传播控制策略，为有效预防风险在起降安全风险网络中的传染提供了理论指导和依据。

第 8 章　水上飞机起降安全监管演化博弈模型

📚 8.1　水上飞机起降安全监管的特征分析

　　前文已从复杂网络和风险传染的角度分析了水上飞机起降安全风险的演化规律，并从组织层面分别提出了断链控制和目标免疫策略来应对水上飞机起降安全风险演化，然而并不是所有风险因素均能靠组织层面的管理对策进行控制，有些因素如监管机制不完善、政策法规不健全等，同时还需要行业层面的监管才能得到有效控制。因此，本章从行业监管的角度来分析如何控制水上飞机的起降安全风险。

　　根据前文分析可知水上飞机起降安全事故的风险因素主要集中在人—机—环—管四个方面，其中人包括运营水上飞机企业的人员、飞行员、空管人员、水上机场保障人员，上述人员主要涉及飞行员培训学校、通航企业、空管单位等；机械方面的风险因素主要与通用航空器设计制造单位相关；环境方面的风险因素主要与通航企业对气象与水温环境的监测有关；管理方面主要涉及水上飞机起降的运营及审批，包括通航企业、民航部门、海事部门、当地政府等单位。由此可知，水上飞机起降过程中涉及的主体较多，包括运营水上飞机的通用航空企业、运营水上机场的通航企业、空管部门、海事部门、当地政府等，本书将其归纳为两大类：通航企业和监管机构。在有监管机构监管的情况下，通航企业在业务往来的过程中，通过不断的博弈来决定是否采取合作的策略保证水上飞机起降安全。由此可知，水上飞机起降安全监管是一个复杂的系统，若将系统中各主体看成一个节点，通航企业间的直接或间接业务往来和信息流动作为连接边，则水上飞机起降安全监管系统就会形成一个复杂的网络结构。

水上飞机起降是一个动态的过程，在这个过程中通航企业间会有动态的信息往来，通航企业会根据这些信息实时权衡自身利益与成本，决定是否参与水上飞机起降安全监管合作之中，该行为是一个动态演化博弈的过程。因此，水上飞机起降安全监管系统是一个动态演化博弈的复杂网络系统。演化博弈理论为监管系统中通航企业间的相互作用提供了理论支撑，而复杂网络为各主体间的博弈提供了有效的拓扑结构框架。

在水上飞机起降安全监管复杂网络系统中，有些通航企业规模较大且可获取的资源较多，在该行业中发挥着重要的带头作用，而有些通航企业由于资金或资源限制，规模较小，需要依托或模仿大规模通航企业开展水上飞机业务；此外，监管机构需要对通航行业进行监管，其监管对象涉及各类通航企业。因此，水上飞机起降安全监管系统是一个具有无标度特征的网络，网络中部分节点占据着重要的地位。当网络中的某个主体通过合作，有效提高水上飞机起降安全水平时，这个信息会在网络中进行传播。网络中的其他主体会通过权衡合作的成本和利益，进而制定是否参与起降安全监管合作的决策。网络中的主体会通过比较领域中其他主体的策略选择及收益来决定自身的策略，是否采取水上飞机起降安全监管合作策略，以实现自身利益最大化。

综上所述，水上飞机起降安全监管是一个由众多主体在不断博弈中，通过模仿和学习，寻找使自身利益最大化策略过程而形成的复杂网络。

8.2　基于复杂网络的起降安全监管演化博弈模型

8.2.1　无标度网络的构建

通过分析可知，水上飞机起降安全风险监管系统是一个复杂的 BA 无标度网络结构。

无标度网络具有两个显著的特征：①增长性，初始时刻网络中只有 m_0 个孤立的节点，以后每个时间步长增加一个节点，与网络中的 m 个节点连接（$m \le m_0$），即网络中会随着新节点的加入而逐渐增大。②优先连接性，新加入的节点以概率 p 与网络中的节点 i 进行连接，概率 p 的表达式为：

$$p = \frac{k_i}{\sum_{j=1}^{N_0} k_j}$$

其中，N_0 表示当前网络中的节点总数，k_i 表示节点 i 的度，k_j 表示节点 j 的度。经过 t 时间间隔后，产生一个具有 $m_0 + m_t$ 个节点，m_t 条边，且度分布符合幂律分布的网络。

基于以上无标度网络构建的规则，利用 MATLAB 在一个 100×100 的二维网格上构建一个 $N = 1000$，$m_0 = m = 3$ 的水上飞机起降安全监管无标度网络结构模型，连边表示通航企业间存在与水上飞机相关的业务往来或信息流动以及与监管机构之间的信息往来，具体如图 8-1 所示。

在构建网络的基础上对其度分布进行分析，结果如图 8-2 所示。由此可知，水上飞机起降安全监管复杂网络的度分布近似满足幂律分布，验证了该网络的无标度特性。由 $m_0 = m = 3$ 可知，网络的平均度 $\bar{k} = 6$。

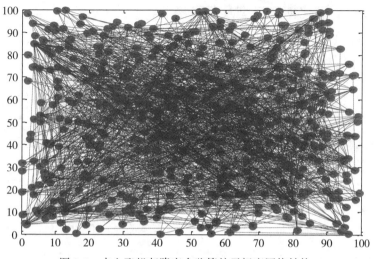

图 8-1　水上飞机起降安全监管的无标度网络结构

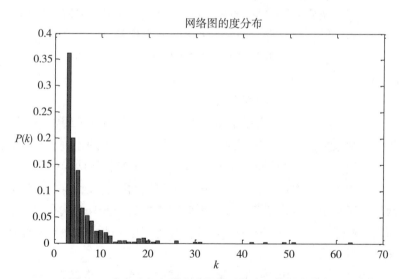

图 8-2　水上飞机起降安全监管无标度网络的度分布

8.2.2　演化博弈模型及其算法

(1) 基本假设

假设 1：在水上飞机起降安全风险监管系统中，参与主体是我国开展与水上飞机相关业务的通航企业、水上机场运营企业、水上飞机航空器制造企业，将监管机构(海事部门、民航部门、当地政府等的合称)作为一种影响监管系统的外部因素。

假设 2：参与博弈的通航企业有两种策略选择，即选择合作和不合作，参与者选择的策略都是为了使自身利益最大化，假设参与者具有有限理性且信息不完整，参与者不是总能做出使自己利益最大化的选择。

假设 3：在两个主体博弈的过程中，当双方均采取合作策略时，均可以获得 b 的收益，但均需要付出 c 的成本，但监管机构会给予 h 的奖励；当一方合作另一方采取不合作策略时，合作的企业要付出 c 的成本，可获得监管机构 h 的奖励，不合作的企业可获得 b 的投机收益，但监管机构会对其收取 f 的惩罚；当双方都不合作时，均会受到监管机构 f 的惩罚。

假设 4：网络中企业的数量不变，每个企业根据不同策略的收益采取纯策略，初始时刻网络中采取合作企业所占的比例为 0.5。

假设 5：网络中的每个企业选择博弈对手时，将博弈范围限定在以 1 为半径的领域内，在实际中由于信息的限制性，企业无法与网络中所有节点进行博弈比较，因此网络中的企业只会选择自己的邻居企业进行博弈，一个节点与其所有的邻居节点分别进行一轮博弈后表示一次博弈结束。

假设 6：网络中的所有企业采用同一监管合作策略更新规则，且记忆长度为 1，即各个节点本次博弈的策略取决于上次博弈的结果。

(2) 博弈收益

在博弈的过程中，每个企业有两种策略选择，分别为合作策略和不合作策略，博弈中每两个个体按照表 8-1 的矩阵获取收益。

表 8-1　　　　　　监管机构参与模式下博弈双方收益矩阵

		通航企业 2	
		合作	合作
通航企业 1	合作	$b-c+h,\ b-c+h$	$-c+h,\ b-f$
	不合作	$b-f,\ -c+h$	$-f,\ -f$

令 $b-c+h=1$，$r=c/(b-c+h)$ 为博弈的成本收益比，则博弈收益矩阵可简化为表 8-2 所示。

表 8-2　　　　　　　　简化后的博弈收益矩阵

		通航企业 2	
		合作	合作
通航企业 1	合作	$1,\ 1$	$-r+h,\ 1+r-h-f$
	不合作	$1+r-h-f,\ -r+h$	$-f,\ -f$

由此可知，在水上飞机起降安全监管演化博弈网络中，博弈的成本收益比、监管机构的奖惩会对博弈收益产生影响。

现有关于无标度网络上博弈收益函数的研究主要集中在累计收益、平均收益和在加权效用函数等方面。Santos 等的研究采用累计收益计算无标度网络中个体的博弈收益，结果显示核心节点能够获得更多的博弈收益，合作者在网络中更偏好核心节点[229]。Masuda 保持 Santos 等研究的博弈收益计算方式，进入博弈成本，分析了合作行为在无标度网络上的演化规律[230]。Tomassinia 等的研究指出采用平均收益计算无标度网络上个体的博弈收益时，囚徒困境中合作者密度显著下降[231]。Wu 等采用平均收益比较了囚徒困境在无标度网络、规则网络及随机网络上合作行为的演化规律[232]。Szolnoki 等提出了计算博弈个体收益的加权效用函数，加入权重参

181

数实现累计收益和平均收益之间的转换[233]。

由上述分析可知，采用累计收益和平均收益会得到差异较大的结果，采取加权效用函数能有效地综合这种差异。因此，本书将采用 Szolnoki 等提出的加权效用函数作为水上飞机起降安全监管博弈的收益函数。令 $S_i = \{(1, 0)^T, (0, 1)^T\}$ 表示企业 i 在 t 时刻的策略集合，分别对应合作策略和不合作策略，则个体 i 在 t 时刻的累计收益 $U_i(t)$ 为：

$$U_i(t) = a \sum_{j \in \Omega_i} S_i^T M S_j + \frac{(1-a) \sum_{j \in \Omega_i} S_i^T M S_j}{k_i} \tag{8-1}$$

其中，M 表示收益矩阵，Ω_i 表示 i 个体的邻居集合，k_i 表示节点 i 的度（即节点 i 的邻居节点数），$a(0 \leqslant a \leqslant 1)$ 表示累计收益权重参数，当 $a = 0$ 时收益函数是平均收益函数，当 $a = 1$ 时收益函数为累计收益函数。

(3) 策略更新规则

目前，复制更新规则和费米更新规则是使用最广泛的两种策略更新方式。在复制更新规则中，只有当个体 i 的策略收益小于个体 j 的收益时，才会以一定的概率更新自身策略，否则策略更新概率就为零，期更新规则是分段函数。在费米更新规则中，个体 i 除了会以较大的概率学习收益比其高的邻居的策略，同时还会以较小的概率学习收益比其低的邻居的策略，策略更新概率是光滑的函数，这种策略更新规则说明个体在选择策略时会犯错，考虑了个体的非理性选择，比较符合实际的情况。因此，本书选择费米策略更新规则来研究水上飞机监管博弈过程中个体的策略更新概率。

在每一次博弈后，每个个体随机地选择一个自己的邻居进行收益比较，以此来更新自身在下一次博弈中的策略选择。费米策略更新的概率表达形式如下：

$$W(S_i \to S_j) = \frac{1}{1 + \exp[(U_i(t) - U_j(t))/k]} \tag{8-2}$$

其中，S_i 和 S_j 分别表示个体 i 和个体 j 的策略集合，$k(k > 0)$ 表示策略更新中的噪音强度，$U_i(t)$ 和 $U_j(t)$ 分别表示在 t 时刻个体 i 和个体 j 的博弈收益。该函数表明当个体 i 的收益低于个体 j 时，个体 i 很容易接受个体 j 的策略；当个体 i 的收益高于个体 j 时，个体 i 会以较低的概率采取个体 j 的策略。当 k 趋近于零时，策略更新概率是确定的，不存在非理性选择的问题；当 k 趋近于无穷大时，噪声加大，个体会以 0.5 的概率随机更新自身策略。本书取 $k = 0.1$ 固定不变。

（4）监管系统演化博弈算法

水上飞机起降安全监管演化博弈算法如下：

首先，水上飞机起降安全监管无标度复杂网络的构建。根据无标度网络的构建规则，结合我国通航企业的现状，采用 MATLAB 构建水上飞机起降安全监管无标度复杂网络结构。

其次，监管系统主体间的博弈规则。在博弈开始前，初始化监管系统中的各参数。在每次博弈周期内，每个博弈主体与领域内所有主体进行博弈，获得相应的收益。

再次，监管主体的策略更新。监管系统中的主体根据费米规则更新自身的策略。每次博弈策略的选择与上次博弈的收益有关，根据上一次博弈的收益确定本次博弈采取合作策略的概率，根据该概率选择相关的策略。

最后，循环执行上述步骤直至规定的博弈时间结束。

8.3 无标度网络演化博弈模型的仿真结果分析

183

8.3.1 参数设置

在 $t = 0$ 的初始时刻，网络中的主体随机选择策略 C（合作）和策略 D（不合作）作为自己初次博弈的策略，选择策略 C 的个体称为合作者，某个时刻博弈个体中合作者所占的比例 $f_c(t)$ 称为合作者密度，则 $f_c(t) = N_C(t)/N$（其中 $N_C(t)$ 表示 t 时刻网络中合作者的数量）。假设在初始时刻，企业选择合作策略的密度为 0.5。由于仿真的过程中收敛速度较快，因此本书将重复博弈的次数（仿真时间步长）设为 200 次（步），取最后 20 次博弈合作者密度的平均值作为博弈达到动态平衡状态时的合作者密度，假设平衡状态的合作者密度为 P_c，则 $P_c = \dfrac{1}{20} \sum\limits_{181}^{200} f_c(t)$。仿真结果中的数据是同等条件下 10 次重复试验的平均值。根据上述模型的设定，基于 MATLAB 仿真平台仿真研究网络规模、累计效益权重参数、成本收益比及监管机构奖惩力度对无标度网络上合作行为的影响。

8.3.2　网络结构对合作演化的影响

由于水上飞机起降安全监管演化博弈是在无标度网络上进行的，为了分析网络结构对起降安全监管合作水平的影响情况，本书选取网络的规模和网络的平均度来分析网络结构对博弈合作水平的影响。

分析网络规模对网络中合作水平的影响时，将参数设置为 $a = 0.3$、$r = 0.6$、$h = 0.3$、$f = 0.2$，将网络节点数分别设为 500、1000、1500、2000，分析结果如图 8-3 所示。

由图 8-3 可知，随着网络规模的增加合作者均衡密度呈现出增长的趋势，且规模越大达到均衡需要的时间（博弈次数）越少。下方子图表明，当网络节点为 500 时，平衡状态的合作密度接近 0.34，网络节点为 1000、1500、2000 时平衡状态的合作密度均为 1。上方子图显示，当网络规模较小时，网络中不存在合作者，随着网络规模的增加，网络中合作者的密度逐渐增加直至整个网络中全是合作者。出现这种现象的原因是由于当网络规模较小时，一个节点周边出现不合作者的概率加大，网络中不合作收益大于合作收益的诱惑使其改变策略变为不合作者，进而导致整个网络中的个体均成为不合作者，降低了合作水平；网络规模较大时，策略的分布随机性更大，一个节点周边出现合作者的概率会提高，有利于合作策略的扩散，此外更多的节点会产生更多的博弈行为，进一步促进了网络中合作水平的提高。

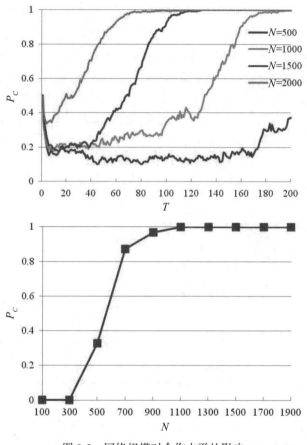

图 8-3 网络规模对合作水平的影响

由于本书在构建无标度网络时，将初始节点间的关系通过完全图的形式表示，因此网络的平均度与新加入节点所带的边数成正比，在此采用新加入节点带的边数来代替网络的平均度，以此来分析其对网络中合作行为的影响，具体如图 8-4 所示。

由图 8-4 可知，网络中合作者的数量随着网络平均度的增加呈现出增长的趋势，当网络的平均度一定时，博弈次数的增加会使网

络中合作者达到平衡状态。当网络平均度较大时，表明新节点带来
的边数多，网络中各节点间的关联性加强，更利于博弈合作行为的
出现，因此，当平均度较大时网络中合作者水平逐渐增加至整个网
络均为合作者；当网络平均度较小时，说明新节点所带的边数少，
只能与少数节点进行关联，大部分节点的博弈次数有限，会导致不
合作策略的出现，不利于合作行为的出现，因此，当平均度较小时
合作者密度只会维持在较低的水平。

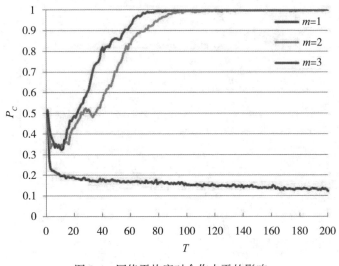

图 8-4　网络平均度对合作水平的影响

8.3.3　累计收益权重参数对合作演化的影响

由式(8-1)可知，累计收益权重参数可以调节累计收益和平均
收益对收益函数的影响，该参数对最终博弈的平衡状态具有一定的
影响，因此，本文在此探讨了累计收益权重参数 a 是如何影响水上
飞机起降安全监管演化博弈中合作者行为的。在仿真分析前将各参
数的值设置为 $N = 1000$、$r = 0.6$、$h = 0.3$、$f = 0.2$，分别分析累计
收益权重参数 a 在不同的取值下对网络中合作行为的影响，具体结

果如图 8-5 所示。

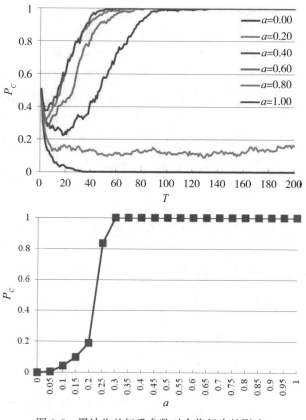

图 8-5 累计收益权重参数对合作行为的影响

由图 8-5 上方子图可知，当其他参数值不变时，累计收益权重参数值的增加，会促进网络中合作行为的出现，当 $a = 0$ 时，博弈的收益函数通过平均收益计算，最终网络中全部是不合作者，网络的合作者密度为零，这与已有研究[231]中平均收益不会促进合作行为的结论一致；当 $a = 0.2$ 时，尽管累计收益占的比重不大，但是仍然能够促进合作行为的产生，因此网络中存在密度较低的合作者；当 $a = 0.4$, 0.6, 0.8, 1.0 时，累计收益的权重逐渐增大，越有利于合作行为的产生，最终网络中所有的个体均成为了合作者，

187

尤其是当 $a = 1$ 时，博弈的收益函数通过累计收益计算，其网络达到平衡状态所用的时间最短，这与已有研究[230]中累计收益能促进合作行为的演化的结论一致。

图 8-5 下方子图进一步给出了水上飞机起降安全监管演化博弈网络中合作水平随累计收益权重参数 a 的变化情况。该图表明，当 a 的取值较小时，网络中只有不合作者；随着 a 的增加，网络中合作者均衡密度呈现出增长趋势，网络中最终的合作者均衡密度保持为 1。

综上可知，累计收益权重参数 a 的增加能够促进网络中合作行为的演化，且当 a 的取值大于等于 0.3 时，网络中的合作水平保持为最大值。

8.3.4 成本收益比对合作演化的影响

由博弈收益矩阵(表 8-2)可知，成本收益比与监管机构奖惩之和的差值是网络中个体采取不合作策略的诱惑，为了探究不同的诱惑值对合作行为演化的影响，本书分别令监管机构奖惩取不同的值，分析成本收益比对合作行为的影响。在该仿真实验下取 $N = 1000$、$a = 0.3$，仿真结果如图 8-6 和图 8-7 所示。

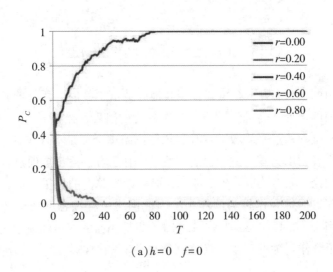

$(a) h = 0 \quad f = 0$

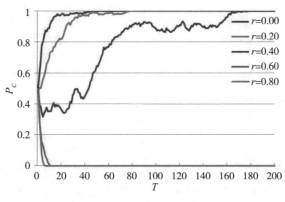

(b) $h = 0.3$ $f = 0$

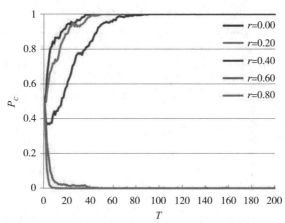

(c) $h = 0$ $f = 0.3$

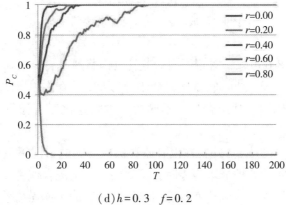

(d) $h = 0.3$ $f = 0.2$

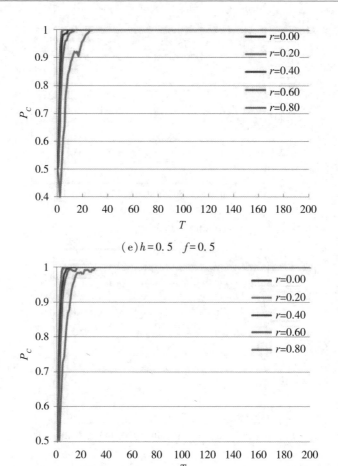

(e) $h=0.5$ $f=0.5$

(f) $h=0.6$ $f=0.4$

图 8-6 成本收益比对合作行为的影响

由图 8-6 可知，对于不同的监管机构奖惩组合，对比不同子图可以看出，同一成本收益比对合作行为的影响存在一定的差异；在同一监管机构奖惩组合里，不同的成本收益比对合作行为的影响不同。

分析子图 (a) 可知，在没有监管机构奖惩的情况下只有当成本收益比为零时，即成本为零时，网络中才会出现合作者，且随着博弈时间的增加，达到均衡状态后网络中所有的个体均会采取合作策

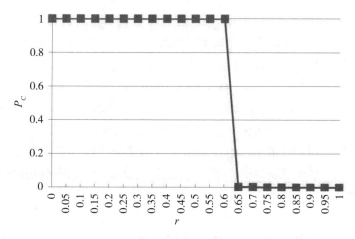

图 8-7　稳定合作者密度随成本收益比的变化图

略；当成本收益比不为零时，随着成本收益比的增加网络中不合作的诱惑增加，网络中采取不合作策略的个体增多，最终导致合作者密度降为零。由子图(b)可知，当 $h=0.3$、$f=0$ 即博弈过程中只存在监管机构奖励而不存在惩罚时，在这种奖励的激励下即使成本收益比为 0.4(收益矩阵中不合作的收益大于合作的收益)，网络中个体也会选择采取合作策略，尽管博弈中存在不合作的诱惑，但最终网络中的合作者密度仍会增加至 1，然而当 r 取 0.6 和 0.8 时，由于不合作的诱惑增大，网络中不合作者不断出现导致最终合作者密度为零。由子图(c)和子图(b)的效果类似，然而子图(c)中博弈达到合作均衡的时间要快于子图(b)，且当 r 取 0.6 时，网络中会持续存在合作者，尽管比例很低，但是仍然有合作者存在，只有当 r 取 0.8 时，合作者才会变为零。比较子图(a)、(b)、(c)可知，监管机构的奖励和惩罚会促进网络中合作行为传播，且惩罚对合作行为的促进作用大于奖励的促进作用。

　　由子图(d)可知，当网络中同时存在惩罚和奖励时，即使博弈的成本收益高达 0.6 时，网络中的合作行为依然会增加，然而当成本收益比为 0.8 时，不合作的诱惑达到 0.3，博弈个体会通过权衡选择不合作策略使自身利益最大化，因此最终网络中会不存在合作者，从子图(d)到子图(e)再到子图(f)可知，监管机构惩罚和奖励之合不断增大的过程中，成本收益比在所有取值情况下均会采取合作策略，且成本收益比越大，达到合作平衡状态的时间越长。

由图 8-7 可知，当 $r \leqslant 0.6$ 时，网络博弈平衡状态的合作者密度均为 1；当 $0.6 < r < 0.65$ 时，博弈均衡状态同时存在合作者和不合作者；当 $r \geqslant 0.65$ 时，博弈平衡状态均为不合作者。

综上可知，成本收益比对网络中的博弈合作行为具有抑制作用，加入监管机构的奖惩能在一定程度上抵消这种抑制作用甚至能促进合作行为的产生。

8.3.5　监管机构奖惩对合作演化的影响

通过上一小节的分析可知，监管机构的奖惩在演化博弈中起着较重要的作用，因此本书在此通过仿真实验，分别分析监管机构奖励和惩罚取不同值时网络中合作行为的演化过程。

分析奖励对合作行为的影响时，其他参数取值为 $N = 1000$、$a = 0.3$、$f = 0.2$、$r = 0.6$，分别分析监管机构奖励在不同取值情况下对网络中合作行为的演化过程，结果如图 8-8 所示。

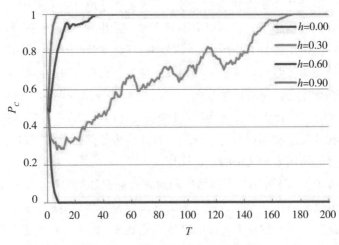

图 8-8　监管机构奖励对合作行为的影响

由图 8-8 可知，监管机构奖励力度能够有效促进网络中的合作行为，随着奖励力度的增加网络中合作者的密度会逐渐增加至 1，且奖励越大，达到合作均衡状态的时间越短。这是因为此时博弈的成本收益比较高，加入奖励后能降低不合作的诱惑，使个体更倾向于选择合作策略。

分析监管机构惩罚对合作行为的影响时，将其他参数设置为 $N = 1000$、$a = 0.3$、$h = 0.3$、$r = 0.6$，分别分析监管机构惩罚在不同取值情况下对网络中合作行为的演化过程，结果如图 8-9 所示。

由图 8-9 可知，监管机构惩罚也对合作行为具有促进作用，监管机构惩罚力度的增加会增加网络中合作者的数量，使得网络中合作者的均衡密度增加为 1，且惩罚力度越大，达到合作均衡状态的时间越短，越有利于合作行为的出现。

对比图 8-8 和图 8-9 可知，当惩罚力度小于奖励力度时，惩罚能使网络中的合作者稳态密度更快出现，这进一步验证上一小节中得到的惩罚比奖励更能促进合作行为产生的结论。

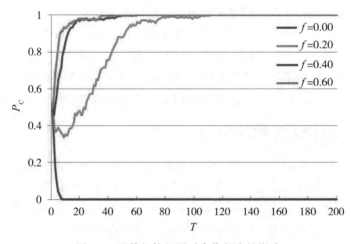

图 8-9　监管机构惩罚对合作行为的影响

193

8.4　水上飞机起降安全监管策略

水上飞机起降安全监管不仅涉及组织层面的管控策略还涉及行业层面的监管策略，有效地将组织层面的管控策略和行业层面的监管策略进行结合，能全面提高通用航空水上飞机起降安全水平。

8.4.1　组织层面的管控策略

组织层面的安全管控主要从水上飞机起降安全风险网络演化和风险传染的角度制定相应的策略，通过完善组织安全管理制度和构建自主免疫机制能有效地管控水上飞机起降安全风险。

(1) 完善组织安全管理制度

通过构建和完善通航企业的安全管理制度，能够使水上飞机的起降流程更加明确，使参与起降过程的人员职责更加清晰，有助于减少人员差错导致的起降安全风险，减少不同作业人员之间的交叉作业，减少这些人员风险因素间的相互作用，同时还能减少因制度不明确导致的沟通不畅、培训缺失等一系列安全风险问题，这在一定程度上减少了水上飞机起降安全风险网络演化模型中的节点及节点间的相互作用关系，能在一定程度上抑制起降安全风险的演化。

(2) 构建自主免疫机制

通过对水上飞机起降安全风险传染模型的研究可知，风险的传染性进一步加大了水上飞机起降安全风险。通过构建自主免疫机制能够有效控制起降安全风险的传染，进而降低水上飞机起降安全风险。自主免疫机制类似于生物学中的特异性免疫过程，即侵入抗原使机体产生免疫性应答的过程。本研究将自主免疫机制定义为水上飞机起降安全风险产生之前，通过对风险因素(抗原)识别，产生风险预案库(抗体)，并通过对风险预案库的不断模拟演练(接种)

实现对起降安全风险的预警预控。通航企业通过构建这种自主免疫机制能及时有效地对起降安全风险传染进行管控，提高水上飞机起降安全水平。

8.4.2 行业层面的监管策略

通过8.3节的仿真分析可知，网络的规模、网络的平均度、成本收益比及监管机构奖惩均会影响水上飞机起降安全监管博弈中的合作行为，因此，在制定行业监管对策时可以通过这四个方面入手。

（1）加大政策支持力度

由7.3.2小节可知，网络的规模越大越有利于水上飞机起降安全监管合作行为的产生，因此可以从这一角度制定监管策略。我国自颁布《国务院办公厅关于促进通用航空业发展的指导意见》以来，通航企业如雨后春笋般出现，促进了我国通航业的发展，然而开展水上飞机业务的通航企业的进程相对缓慢。我国是一个水资源丰富的国家，水上飞机的发展具有很大的潜力。因此，政府可以通过发布与水上飞机业务相关的支持政策，如提供水上机场建设规范、适度放宽低空领域、提供到国外考察学习的机会等，鼓励更多通航企业从事水上飞机业务，以此来加大我国开展水上飞机业务的通航企业规模，随着规模的增加水上飞机起降安全监管网络中个体间的作用关系越复杂，通航企业间需要博弈的次数增加，这促进了网络中监管博弈合作行为的产生。目前，我国通用航空处于发展初期，业务量少，安全投入低，很多企业处于亏本状态，鼓励更多的通航企业从事水上飞机业务能增加通用航空的业务量，促进通用航空产业的发展为通用航空企业创造效益，当通用航空企业具有良好的效益后才会加大对安全的投入力度进而提高通用航空产业的安全水平。

（2）构建网络沟通平台

我国通航业的发展处于初级阶段，尽管有些企业已经开展了比较成熟的业务，然而仍有大部分企业处于初期阶段，加强这些企业

间的交流不仅可以带动水上飞机业务发展，还能满足我国的战略需
求促进通航产业的发展。政府是我国通航企业间的重要纽带，能够
带动通航企业间的交流合作。因此，政府可以通过构建网络交流平
台，为我国通航企业提供更多的交流机会，相互学习相互进步。企
业尤其是处于领先地位的大型企业可以在该平台上分享自身开展水
上飞机业务及其安全管理的经验，供小型企业学习和参考，同时各
企业也可以交流对水上飞机安全管理的措施，最大限度降低水上飞
机安全事故。此外，政府还可以通过组织沙龙和研讨会的形式，为
通航企业间的合作提供契机，加强企业间的紧密度。企业间的关联
性增强即为网络的平均度增加，会促进水上飞机起降安全监管合作
行为的演化，进而有效控制水上飞机起降安全风险。

(3) 降低企业运营成本

通过前文的分析可知，博弈的成本收益比会抑制合作行为的产
生，要想增加合作者数量需要降低其成本收益比即降低企业采取合
作策略的成本。由于我国由通航企业组成的水上飞机起降安全监管
网络具有无标度的特性，因此核心企业在网络中发挥着带头作用，
这类企业的策略选择会对整个博弈的均衡策略产生影响，通过对我
国核心通航企业的各种政策支持，如加快其水上飞机飞行审批流
程、增加企业飞行员培训补贴、为其提供宣传途径、增加航空器购
置补贴等，降低其参与水上飞机起降安全监管的合作成本，一方面
可以降低网络中的 r 值，促进起降安全监管合作行为的演化；另一
方面还可以使该核心企业在监管演化博弈网络中发挥核心节点的作
用带动周边企业均采取合作策略，推动水上飞机起降安全监管。

(4) 优化奖惩机制

通过对上一节的分析可知，监管机构的奖惩会促进起降安全演
化博弈中合作行为的产生，因此优化奖惩机制能有效控制起降安全
风险。监管机构在水上飞机起降的过程中扮演着监督者的角色，监
管机构的奖励对通航企业是一种正向激励的作用，而惩罚是一种负
向激励的手段，两者同时可以促进通航企业加强对水上飞机起降安

全的监管力度。然而，由于我国目前水上飞机业务仍处于起步阶段相关的法律法规及流程不完善，通航企业在开展水上飞机业务时，有时会钻法律法规的空子，并未完全按照安全流程开展相关业务，因此时常会产生一些不安全事件或安全事故，阻碍了水上飞机发展的进程。为了有效降低水上飞机事故、预防不安全事件，我国监管机构主要是通过惩罚的手段来控制通航安全事故发生率，对发生安全事故的企业进行惩罚，尽管这种方式能在一定程度上提高通航企业的安全意识，但是长期的惩罚会打击通航企业的积极性，因此需要对其奖惩机制进行优化。在现有惩罚机制的基础上加入奖励因素提高通航企业的积极性，对未严格规范起降安全管理的通航企业给予相关的惩罚，对采取监管措施的企业给予相应的奖励，且惩罚的力度大于奖励的力度，这样会促进通航企业采取合作监管的策略，提高通航企业水上飞机安全运营水平，促进通航业的发展。

综上所述，通用航空产业的健康发展需要组织层面管控策略和行业层面监管策略的相互补充、相互配合，这两个层面的监管策略缺一不可。

本章小结

本章主要从复杂网络理论和演化博弈论的角度介绍了水上飞机起降安全监管系统的演化过程。首先，根据水上飞机起降安全监管的特征分析阐明该监管系统是一个具有无标度特性的复杂网络，采用 MATLAB 构建网络结构，通过度分布结果验证了监管系统的无标度性；其次，构建了水上飞机起降安全监管的演化博弈矩阵，结合现有研究提出了改进后网络中博弈个体的收益函数，阐释了网络中个体的策略更新规则；再次，通过对参数的设置，采用 MATLAB 仿真分析了不合作策略诱惑、收益函数权重参数、监管机构的奖励及惩罚对网络中合作水平的影响；最后，根据仿真结果提出了水上飞机起降安全风险监管的策略，为通用航空产业的安全发展提供理论指导。

197

第9章 结论与展望

9.1 总结

本书主要研究了水上飞机起降安全风险因素识别、风险评价、因素间作用机理、复杂网络模型构建、风险传染模型构建及复杂网络上监管演化博弈模型分析，具体总结如下：

(1) 识别了水上飞机起降安全风险因素

本书采用扎根理论对收集到的 28 个事故调查资料报告和 29 位访谈者的访谈记录进行分析，得到了包括 203 个概念、33 个范畴、9 个主范畴及 4 个核心范畴的水上飞机起降安全风险因素结构，构建了水上飞机起降安全风险因素的概念模型，其中 4 个核心概念分别是人员因素、设备设施因素、环境因素和管理因素，其中人员因素概念包括 16 个风险因素、设备设施因素概念包括 6 个风险因素、环境因素概念包括 5 个风险因素、管理因素概念包括 6 个风险因素，共计包括 33 个风险因素。

(2) 剖析了水上飞机起降安全关键风险因素

在风险因素概念模型的基础上，结合统计分析，构建水上飞机起降安全风险指标体系。采用德尔菲法对指标进行筛选，最终得到包含 18 个三级指标、4 个二级指标和 1 个一级指标的指标体系。在此基础上，采用贝叶斯网络构建水上飞机起降安全风险评价模型，通过诊断推理和敏感性分析，指出影响水上飞机起降安全的关键风险因素是心理障碍、机械故障、能见度和应急处置不当。

(3) 探究了水上飞机起降安全风险因素间的作用机理

在概念模型的基础上，设计了包括 4 个维度、33 个题项的调查问卷，同时补充了水上飞机起降安全维度及其下风险可能性和严重性 2 个题项，形成最终的调查问卷，征询专家意见对问卷的描述进行适当修改。实施问卷调查、统计调查数据，采用 SPSS 分析问卷的信效度均符合要求。通过因子分析筛选风险因素，本书保留了所有的风险因素；通过相关性分析，明确了 4 个核心概念与起降安全风险的相关关系；采用结构方程模型分析了风险因素间的作用路径系数。分析结果显示，4 个核心概念风险因素间的作用关系及其对起降安全风险的作用路径系数均显著。

(4) 构建了水上飞机起降安全风险演化的复杂网络模型

首先，通过分析指出水上飞机起降安全风险的网络特征符合无标度网络的特点；其次，采用 Pajek 软件构建了水上飞机起降安全风险无标度网络的拓扑结构，网络中的节点代表风险因素、边表示节点间的路径方向、权重表示网络的路径系数；接着，采用 Pajek 软件分析了子网络中各节点的度、接近度中心性、介数中心性及三者综合平均值的排序，且通过度分布验证了该网络满足幂律分布即符合无标度特性，在此基础上采用 MATLAB 软件分析了网络的结构鲁棒性和性能鲁棒性，结果表明水上飞机起降安全风险演化网络在蓄意攻击模式下的鲁棒性较差，在随机攻击模式下的鲁棒性和容错性较强；再次，根据鲁棒性分析结果识别了网络中的关键风险因素提出了断链控制策略，结果表明综合平均值较高的节点是网络的关键风险因素，优先处置关键节点有助于预防起降事故；最后，运用基于网络局部结构信息的链路预测方法对网络中未连接节点对间

的连边进行预测，并对连边可能性大小进行了排序，结果表明预测
的初始节点主要是管理类的风险因素，终止节点主要是人员类因素
和设备设施类因素，说明管理因素会对人员及设备设施风险产生
影响。

(5)构建了水上飞机起降安全风险传染模型

本书首先对水上飞机起降安全风险传染延迟效应及免疫特性进
行了分析，指出水上飞机起降安全风险传染的延迟特性，通过对已
有传染模型的比较，选择对已有模型进行改进，提出本研究的 D-
SEIRS 模型。基于 D-SEIRS 模型构建水上飞机起降安全风险传染延
迟模型，模型存在风险规避平衡点（1，0，0，0）且该点全局渐进
稳定，存在风险爆发平衡点（S^*，E^*，I^*，R^*）且该点局部渐进
稳定。运用 MATLAB 软件对模型进行数值仿真，揭示水上飞机起
降安全风险的动态传染规律，仿真结果表明，网络中感染类节点的
稳态密度随有效传染率和传染延迟时间的增加而增加；传染延迟会
减小网络中风险传染阈值，加快风险爆发平衡状态的出现；潜伏类
节点的传染率和感染类节点的传染率均会导致感染节点和潜伏节点
稳态密度的增加，且潜伏节点的有效传染率对网络中的风险传染更
重要。在仿真分析的基础上提出了水上飞机起降安全风险的目标免
疫策略。

(6)构建了水上飞机起降安全监管的演化博弈模型

通过对水上飞机起降安全监管的特征分析入手，指出该监管系
统具有无标度网络的特性。接着，构建基于无标度网络的演化博弈
模型，采用 MATLAB 软件按照无标度网络的构建规则编程得到包
含 1000 个节点的无标度网络结构，阐明了博弈的收益矩阵及策略
更新规则；然后，采用 MATLAB 仿真分析了网络结构、累计收益
权重参数、成本收益比及监管机构奖惩对水上飞机起降安全监管网
络演化博弈合作行为的影响过程，结果表明网络规模、网络平均
度、累计收益权重参数及监管机构奖惩均能促进网络中博弈主体合
作行为的产生，而成本收益比会抑制合作行为的出现；最后，根据

仿真分析的结果提出了通过加大政策支持力度、构建网络沟通平台、降低企业运营成本、优化奖惩机制来控制水上飞机起降安全风险的策略。

9.2 创新点

(1)揭示了水上飞机起降安全风险因素间的作用机理

基于扎根理论全面识别水上飞机起降安全风险因素，构建风险因素概念模型，通过因子分析筛选风险因素，采用结构方程模型分析水上飞机起降安全风险作用机制，探究风险因素对起降安全的作用路径。

(2)构建了水上飞机起降安全风险的演化网络模型

运用复杂网络理论，针对水上飞机起降特点及演化特征，构建了水上飞机起降安全风险演化的有向加权网络模型，分析网络的度中心性、介数中心性、接近度中心性及三者综合平均值情景下的关键风险因素排序，验证了网络的无标度特性，采用 MATLAB 编程仿真分析网络的结构稳定性和性能稳定性随随机攻击和蓄意攻击的变化情况，明确了网络的关键风险因素并提出了断链控制策略，采用链路预测算法分析了网络中边的演化规律。

(3)提出了水上飞机起降安全风险传染的 D-SEIRS 模型

在对水上飞机起降安全风险传染延迟效应分析的基础上，结合复杂网络理论、传播动力学理论及平均场理论，构建无标度网络上的水上飞机起降安全风险延迟传染模型(Delay-Susceptible-Exposed-Infected-Removed，简称 D-SEIRS 模型)，采用 MATLAB 数值模拟仿真分析有效传染率、延迟时间及传染率对风险传染行为及其演化的影响和作用机制。

201

（4）构建了基于复杂网络的水上飞机起降安全监管演化博弈模型

在对水上飞机起降安全监管特征分析的基础上，构建了无标度网络上的起降安全监管演化博弈模型，采用 MATLAB 数值模拟仿真分析网络结构、累计收益权重参数、成本收益比及监管机构奖惩对网络博弈合作行为的影响机制，并根据分析结果提出了针对性的风险监管策略。

9.3　研究展望

本书综合运用复杂网络理论、风险演化理论、传播动力学理论及演化博弈理论研究了水上飞机起降安全风险的演化过程，取得了一定的成果，然而由于研究条件、研究时间及学术水平的有限，该研究仍存在许多有待改进和进一步深入研究的地方。

（1）水上飞机起降安全风险演化无标度网络结构的优化

在分析基于复杂网络的水上飞机起降安全风险演化规律时，由于考虑研究的简便性及数据获取的可行性，本书只将风险因素概念模型中的风险因素纳入子网络结构中进行分析，未将扎根理论识别的 203 个概念因素纳入到模型的分析中，今后的研究可以通过问卷调查来明确所有风险因素间的关系，构建包含所有风险因素的网络结构模型提高研究结果的可信度。

（2）水上飞机起降安全风险网络新衍生风险演化研究的深化

在分析水上飞机起降安全风险子网络节点演化规律的过程中只分析了关键风险因素对网络的影响，未分析网络节点随时间衍生出新节点的演化过程，今后的研究可以在这方面进行加强。

（3）水上飞机起降安全风险传染模型的改进

在研究水上飞机起降安全风险传染模型时，为了研究的方便性，本书假设潜伏节点和传染节点的传染延迟时间，然而在现实中传染的延迟时间并不一定完全相同。因此，在后续的研究中可以引入两个不同的延迟时间来区分潜伏节点和感染节点的延迟效果，分析水上飞机起降安全风险传染的机理，还可以将该结果与本研究的结果进行对比。

参 考 文 献

[1]Edwards E. Human workload in aviation-human factors in aviation-6
[J]. Human Factors in Aviation, 1988, 95(7): 157-187.

[2]Reason J. Human error[M]. New York: Cambridge University
Press, 1990: 76-90.

[3]Shappell S A, Wiegmann D A. The Human Factors Analysis and
Classification System-HFACS[J]. American Libraries, 2000, 1
(1): 20-46.

[4]赵鹏, 倪文, 韩峰. 如何预防飞行过程中的不安全因素[J]. 中
国安全科学学报, 2006, 16(4): 57: 61.

[5]周长春, 胡栋栋. 基于灰色聚类方法的航空公司飞机进近着陆
阶段安全性评估[J]. 中国安全生产科学技术, 2012, 8(7):
99-102.

[6]张晓全, 于露, 曹钧. 基于模糊层次分析法的跑道偏离风险管
理[J]. 安全与环境学报, 2012, 12(4): 239-242.

[7]Chang Y H, Yang H H, Hsiao Y J. Human risk factors associated
with pilots in runway excursions [J]. Accident Analysis &
Prevention, 2016(94): 227-237.

[8]孙瑞山, 杨绎煊. 飞机起飞擦机尾事件的风险预测研究[J]. 安
全与环境工程, 2016, 23(2): 153-156.

[9]Infante V, Fernandes L, Freitas M, Baptista R. Failure analysis of
a nose landing gear fork[J]. Engineering Failure Analysis, 2017

(82)：554-565.

[10]Lee S, Jin K K. Factors contributing to the risk of airline pilot fatigue[J]. Journal of Air Transport Management, 2018(67)：197-207.

[11]Stroeve S H, Blom H A P, Bakker G J. Systemic accident risk assessment in air traffic by Monte Carlo simulation[J]. Safety Science, 2009, 47(2)：238-249.

[12]罗军, 林雪宁. 基于模糊集和改进 TOPSIS 方法的跑道侵入风险评估[J]. 中国安全科学学报, 2012, 22(12)：116-121.

[13]Stroeve S H, Blom H A P, Bakker G J. Contrasting safety assessments of a runway incursion scenario：Event sequence analysis versus multi-agent dynamic risk modelling[J]. Reliability Engineering & System Safety, 2013(109)：133-149.

[14]张宗路, 张兆宁. 基于环境因素的机场跑道入侵风险评价[J]. 交通运输工程与信息学报, 2013, 11(2)：121-128.

[15]唐辛欣, 罗帆. 基于灰色聚类的机场跑道侵入人为风险综合评价[J]. 电子科技大学学报(社会科学版), 2015, 17(2)：27-33.

[16]Barker D C S, Barker W K. Statistical methods for modeling the risk of runway excursions[J]. Journal of Risk Research, 2014, 17(7)：885-901.

[17]卢飞, 张宗路, 张兆宁. 基于网络层次分析法的跑道侵入风险模糊评价[J]. 中国民航大学学报, 2014, 32(1)：10-14.

[18]Skorupski J. The simulation-fuzzy method of assessing the risk of air traffic accidents using the fuzzy risk matrix[J]. Safety Science, 2016(88)：76-87.

[19]刘继新, 曾道宇, 尹旻嘉, 朱学华. 基于模糊层次分析的跑道侵入风险评估[J]. 人类工效学, 2017, 23(4)：38-43.

[20]Stroeve S H, Som P, Doorn B A V, et al. Strengthening air traffic safety management by moving from outcome-based towards risk-based evaluation of runway incursions[J]. Reliability Engineering

& System Safety, 2016(147)：93-108.

[21]刘俊勇, 高曙, 罗帆, 等. 基于 BA-WNN 的滑行道安全风险预警方法[J]. 中国安全科学学报, 2017, 27(8)：132-137.

[22]Erjavac A J, Iammartino R, Fossaceca J M. Evaluation of preconditions affecting symptomatic human error in general aviation and air carrier aviation accidents[J]. Reliability Engineering & System Safety, 2018(178)：156-163.

[23]许桂梅, 黄圣国. 基于风险防御的机场跑道事故风险控制研究[J]. 中国安全生产科学技术, 2010, 6(3)：106-109.

[24]Kuznetsov A, Shevchenko A, Solonnikov J. The Methods of Forecasting Some Events during the Aircraft Takeoff and Landing [C]. 19th IFAC Symposium on Automatic Control in Aerospace, 2013, 46(19)：183-187.

[25]Wang L, Wu C X, Sun R S. An analysis of flight Quick Access Recorder (QAR) data and its applications in preventing landing incidents[J]. Reliability Engineering & System Safety, 2014 (127)：86-96.

[26]赵宁宁, 赵宇婷. 基于事故树和贝叶斯网络的飞机偏冲出跑道风险分析[J]. 安全与环境学报, 2014, 14(3)：141-145.

[27]朱代武, 李晨鹿, 陈九昊. 基于目视间隔条件下的碰撞风险分析[J]. 航空计算技术, 2017, 47(3)：54-57.

[28]Bennett C T, Schwirzke M, Harm C. Analysis of general aviation accidents during operations under instrument flight rules [J]. Human Factors & Ergonomics Society Annual Meeting Proceedings, 1990, 24(24)：329-330.

[29]Baker S P, Lamb M W, Grabowski J G, et al. Characteristics of general aviation crashes involving mature male and female pilots [J]. Aviation Space & Environmental Medicine, 2001, 72(5)：447-452.

[30]Li G, Baker S P, Lamb M W, Qiang Y D, McCarthy M L. Characteristics of alcohol-related fatal general aviation crashes[J].

Accident Analysis & Prevention, 2005, 37(1): 143-148.

[31] Malygin V, Miloslavin S, Overton E, Schagaev I. Active safety for general aviation[J]. IFAC Proceedings Volumes, 2000, 33(20): 257-262.

[32] Office U S G A. General Aviation: Status of the industry, related infrastructure, and safety issues[S]. Government Accountability Office Reports, 2001: 47-56.

[33] Li G, Baker S P, Lamb M W, Qiang Y D, McCarthy M L. Driving-while-intoxicated history as a risk marker for general aviation pilots[J]. Accident; Analysis and Prevention, 2005, 37(1): 179.

[34] Dambier M, Hinkelbein J. Analysis of 2004 German general aviation aircraft accidents according to the HFACS model[J]. Air Medical Journal, 2006, 25(6): 265-269.

[35] Li G, Baker S P. Crash risk in general aviation[J]. Jama, 2007, 297(14): 1596-1598.

[36] Boyd D D, Stolzer A. Accident-precipitating factors for crashes in turbine-powered general aviation aircraft[J]. Accident; Analysis and Prevention, 2016(86): 209-216.

[37] 佟刚, 张利国. 通用航空产业发展途径探讨[J]. 沈阳航空航天大学学报, 2011, 28(6): 33-36.

[38] Boyd D D. Causes and risk factors for fatal accidents in non-commercial twin engine piston general aviation aircraft[J]. Accident Analysis & Prevention, 2015(77): 113-119.

[39] Boyd D D. General aviation accidents related to exceedance of airplane weight/center of gravity limits[J]. Accident Analysis & Prevention, 2016(91): 19-23.

[40] 高扬, 王向章. 基于 G1-DEMATEL 法的通用航空维修安全影响因素研究[J]. 中国安全生产科学技术, 2016, 12(2): 164-169.

[41] 王永刚, 孙瑶. 基于 BN 的 FTA 在通用航空风险评价中的应用

[J]. 中国安全科学学报, 2010, 20(3): 19-23.

[42] 曾敬, 林灵, 闫克斌. 基于通用航空的空中交通管制压力和风险评估方法的探讨[J]. 中国民航飞行学院学报, 2011(5): 14-18.

[43] 杭勇, 韩松臣, 张明. 复杂低空救援飞行模糊综合评价模型[J]. 航空计算技术, 2014, 44(1): 9-12.

[44] 张兆宁, 梁玉文, 高俊英, 等. 自由飞行下基于事件树的碰撞风险评估模型[J]. 科学技术与工程, 2015, 15(2): 304-308.

[45] 王向章, 马雅洁, 高扬. 基于灰色 AHP 的通航维修风险评价[J]. 西安航空学院学报, 2016, 34(5): 8-11.

[46] 高扬, 孙庆雷. 基于可拓优度的公务机飞行安全风险评价[J]. 安全与环境工程, 2017, 24(2): 166-171.

[47] 高扬, 王向章, 郑涤滨. 机场终端区航空器飞行冲突风险预测方法研究[J]. 中国安全科学学报, 2017, 27(1): 157-162.

[48] Diamoutene A, Kamsu-Foguem B, Noureddine F, et al. Prediction of U. S. General Aviation fatalities from extreme value approach [J]. Transportation Research Part A Policy & Practice, 2018 (109): 65-75.

[49] Gramopadhye A K, Desai R R, Bowling S, et al. Task analysis of general aviation inspection activities: methodology and findings [J]. Human Factors & Ergonomics Society Annual Meeting Proceedings, 2003, 47(1): 36-40.

[50] Sadasivan S, Gramopadhye A K, Goonetilleke R S, et al. Technology to support inspection training in the general aviation industry: specification and design. [J]. International Journal of Industrial Ergonomics, 2009, 39(4): 608-620.

[51] 尧丰, 韩松臣, 朱新平. 低空空域综合管理系统软件架构研究[J]. 武汉理工大学学报(信息与管理工程版), 2010, 32(2): 257-260.

[52] 杨晓强, 周长春, 李海军. 基于 B/S 模式的通用航空安全信息管理系统设计与实现[J]. 中国民航飞行学院学报, 2012, 23

（3）：13-15.

[53]陈勇刚. 我国通用航空安全管理体系建设研究[J]. 中国安全
生产科学技术, 2012, 8(6)：216-220.

[54]Noriega A, Balas M J, Anderson R P. Robust adaptive control of a
weakly minimum phase general aviation aircraft [J]. Procedia
Computer Science, 2016(95)：497-506.

[55]Urk R V, Mes M R K, Hans E W. Anticipatory routing of police
helicopters [J]. Expert Systems with Applications, 2013, 40
(17)：6938-6947.

[56]彭鹏飞, 陶维功. 我国水上飞机的海事管理对策与建议[J].
中国海事, 2010(4)：48-51.

[57]Trillo R L. Taking advantage of surface proximity effects with
aeromarine vehicles [J]. Ram Wing and Ground Effect Craft,
1987：1-6.

[58]Nebylov A V, Nebylov V A. Seaplane landing control at wave
disturbances [J]. IFAC Proceedings Volumes 2007, 40 (7)：
669-674.

[59]Nebylov A V, Nebylov V A. Seaplane landing smart control at
wave disturbances[J]. IFAC Proceedings Volumes, 2011, 44(1)：
3021-3026.

[60]Iliopoulou C, Kepaptsoglou K, Karlaftis M G. Route planning for a
seaplane service：The case of the Greek Islands[J]. Computers &
Operation Research, 2015, 59(C)：66-77.

[61]Dala L. Dynamic stability of a seaplane in takeoff[J]. Journal of
Aircraft, 2015, 52(3)：1-8.

[62]Voloshchenko V Y. Seadrome：Increasing the safety of takeoff and
landing operations in the seaplane basin[J]. Russian Aeronautics,
2016, 59(2)：271-276.

[63]Castelluccio F, Maritano L, Amoroso S, et al. A comparative
analysis between helicopter and seaplane for passenger transport
[J]. Aircraft Engineering and Aerospace Technology, 2016, 88

209

(4)：580-590.

[64]王明振，褚林塘，吴彬，等．水陆两栖飞机典型横截面入水撞击实验研究[J]．爆炸与冲击，2016，36(3)：313-318.

[65]翁建军，秦雪儿，李亚攀．水上飞机起降移动安全区定量计算分析[J]．中国航海，2016，39(3)：87-92.

[66]刘亮亮，黄文峰．水上飞机水上保障设备设计通用要求[J]．中国科技信息，2016(10)：39-40.

[67]Xiao Q, Luo F. Discussion on the construction problem of civil seadrome [J]. Agro Food Industry Hi-tech, 2017, 28 (3)：3596-3599.

[68]蒋荣，史圣哲，吴彬，等．基于层次分析法的水上飞机抗浪能力评估[J]．南京航空航天大学学报，2017，49(S)：131-135.

[69]翁建军，周阳．水上飞机与船舶碰撞风险因素建模[J]．中国航海，2013，36(3)：70-75.

[70]Weng J, Zhou Y. Analysis of risk factors and safety countermeasures of collision between seaplanes and vessels based on ISM theory [C]// International Conference on Transportation Information and Safety. American：American Society of Civil Engineers, 2013：2282-2288.

[71]潘正华，刘文杰，王维国，等．三亚湾水上飞机临时起降场项目的探索与实践[J]．中国民用航空，2014，173(3)：45-47.

[72]Qin X, Weng J, Zhou Y. 3D model of seaplane domain during takeoff and landing based on ship domain theory [C]// International Conference on Transportation Engineering. American：American Society of Civil Engineers, 2015：232-242.

[73]翁建军，周阳．水上飞机与船舶的港口异质交通流建模[J]．中国航海，2015，38(2)：104-108.

[74]Guo G, Xu Y, Wu B. Overview of current progress and development of seaplane safety management [C]// IEEE International Conference on Intelligent Transportation Engineering. Singapore：IEEE, 2016：58-63.

［75］张攀科，罗帆．水上机场航道冲突风险机制的 FTA-BN 建模 ［J］．中国安全科学学报，2018，28（9）：177-182.

［76］Hetherington C, Flin R, Mearns K. Safety in shipping: the human element［J］. Journal of Safety Research, 2006, 37（4）: 401-411.

［77］Trucco P, Cagno E, Ruggeri F, et al. A Bayesian Belief Network modeling of organizational factors in risk analysis: a case study in maritime transportation ［J］. Reliability Engineering & System Safety, 2008, 93（6）: 845-856.

［78］Celik M, Cebi S. Analytical HFACS for investigating human errors in shipping accidents ［J］. Accident Analysis and Prevention, 2009, 41（1）: 66-75.

［79］Celik M, Lavasani S M, Wang J. A risk-based modeling approach to enhance shipping accident investigation［J］. Safety Science, 2010, 48（1）: 18-27.

［80］Hänninen M, Kujala P. Influences of variables on ship collision probability in a Bayesian belief network model［J］. Reliability Engineering & System Safety, 2012, 102: 27-40.

［81］Chauvin C, Lardjane S, Morel G, et al. Human and organizational factors in maritime accidents: analysis of collisions at sea using the HFACS［J］. Accident Analysis & Prevention, 2013, 59（5）: 26-37.

［82］Chen S T, Wall A, Davies P, et al. A Human and Organizational Factors （HOFs） analysis method for marine casualties using HFACS-Maritime Accidents （HFACS-MA）［J］. Safety Science, 2013, 60（12）: 105-114.

［83］Batalden B M, Sydnes A K. Maritime safety and the ISM code: a study of investigated casualties and incidents［J］. Wmu Journal of Maritime Affairs, 2014, 13（1）: 3-25.

［84］Akhtar M J, Utne I B. Human fatigue's effect on the risk of maritime groundings — a Bayesian network modeling approach［J］. Safety Science, 2014（62）: 427-440.

211

[85] Goerlandt F, Kujala P. On the reliability and validity of ship-ship collision risk analysis in light of different perspectives on risk[J]. Safety Science, 2014, 62(2): 348-365.

[86] Goerlandt F, Montewka J. Maritime transportation risk analysis: review and analysis in light of some foundational issues [J]. Reliability Engineering & System Safety, 2015(138): 115-134.

[87] Sotiralis P, Ventikos N P, Hamann R, Golyshev P, Teixeira A P. Incorporation of human factors into ship collision risk models focusing on human centred design aspects [J]. Reliability Engineering & System Safety, 2016(156): 210-227.

[88] Zhang G, Thai V V. Expert elicitation and Bayesian network modeling for shipping accidents: a literature review[J]. Safety Science, 2016(87): 53-62.

[89] Graziano A, Teixeira A P, Soares C G. Classification of human errors in grounding and collision accidents using the TRACEr taxonomy[J]. Safety Science, 2016(86): 245-257.

[90] Afenyo M, Khan F, Veitch B, Yang M. Arctic shipping accident scenario analysis using Bayesian network approach [J]. Ocean Engineering, 2017(133): 224-230.

[91] Watts D J, Strogatz S H. Collective dynamics of 'small-world' networks[J]. Nature, 1998(393): 440-442.

[92] 刘宏鲲, 周涛. 航空网络研究综述[J]. 自然科学进展, 2008, 18(6): 601-608.

[93] Faloutsos M, Faloutsos P, Faloutsos C. On power-law relationships of the Internet topology [J]. Acm Sigcomm Computer Communication Review, 1997, 29(4): 251-262.

[94] Hofman J M, Sharma A, Watts D J. Prediction and explanation in social systems[J]. Science, 2017(355): 486-488.

[95] Ebel H, Mielsch L I, Bornholdt S. Scale-free topology of e-mail networks[J]. Phys Rev E Stat Nonlin Soft Matter Phys, 2002 (66): 1-5.

[96]吴文祥,黄海军. 固定需求交通网络的一般系统最优模型与性质[J]. 管理科学学报, 2015, 18(12): 58-67.

[97]Albert R, Barabási A. Statistical mechanics of complex networks [J]. Review of Modern Physics, 2002, 74(1): 47-97.

[98]Erdös P, Rényi A. On the evolution of random graphs [J]. Publication of the Mathematical Institute of the Hungarian Academy of Science, 1960(5): 17-60.

[99]Milgram S. The small world problem[J]. Psychology Today, 1967 (2): 60-67.

[100]Newman M E J, Watts D J. Renormalization group analysis of the small-world network model[J]. Physics Letters A, 1999(263): 341-346.

[101]Barabási A L, Albert R. Emergence of scaling in random network [J]. Science, 1999(286): 509-512.

[102]Wang X F. Complex network: topology, dynamics and synchronization[J]. International Journal of Bifurcation & Chaos, 2002, 12(5): 885-916.

[103]吴金闪, 狄增如. 从统计物理学看复杂网络研究[J]. 物理学进展, 2004, 24(1): 18-46.

[104]周涛, 柏文洁, 汪秉宏, 等. 复杂网络研究概述[J]. 物理, 2005, 34(1): 34-39.

[105]胡柯. 复杂网络上的传播动力学研究[D]. 湘潭: 湘潭大学, 2006.

[106]Pastor-Satorras R, Vespignani A. Epidemic spreading in scale-free networks [J]. Physical Review Letters, 2001, 86(14): 3200-3203.

[107]Ross R. The prevention of malaria [M]. 2nd ed. London: Murray, 1911.

[108]Kermack W O, McKendrick A G. Contributions to the mathematical theory of epidemics[J]. Proceedings of the Royal Society A, 1927(115): 700-721.

213

[109] May R M, Lioyd A L. Infection dynamic on scale-free networks [J]. Physical Review E, 2001(64): 1-4.

[110] Eguiluz V M, Klemm K. Epidemic threshold in structured scale-free networks[J]. Physical Review Letter, 2002(89): 1-4.

[111] Moreno Y, Gomez J B, Pacheco A F. Epidemic incidence in correlated complex networks[J]. Physical Review E, 2003(68): 1-5.

[112] Boguna M, Pastor-Satorras R, Vespignani A. Absence of epidemic threshold in scale-free networks with degree correlations [J]. Physical Review Letter, 2003(90): 1-4.

[113] Barthelemy M, Barrat A, Pastor-Satorras R, Vespignani A. Velocity and hierarchical spread of epidemic outbreaks in scale-free networks[J]. Physical Review Letter, 2004(92): 1-4.

[114] Castellano C, Pastor-Satorras R. Thresholds for epidemic spreading in networks[J]. Physical Review Letter, 2010(105): 1-5.

[115] Neumann J V, Morgenstern O. The theory of games and economic behavior[M]. Princeton University Press, 1944.

[116] Nash J. Equilibrium points in n-person games[J]. Proceedings of National Academy of Sciences of the United States of America, 1950, 36(1): 48-49.

[117] Nash J. Non-Cooperative Games[J]. Annals of Mathematics, 1951, 54(2): 286-295.

[118] Smith J M, Price G R. The logic of animal conflict[J]. Nature, 1973, 246: 15-18.

[119] Taylor P D, Jonker L B. Evolutionary stable strategies and game dynamics[J]. Mathematical Biosciences, 1978, 40(1-2): 145-156.

[120] 罗帆, 刘堂卿. 基于 N-K 模型的空中交通安全耦合风险分析 [J]. 武汉理工大学学报(信息与管理工程版), 2011, 33(2): 267-270.

［121］许红军, 田俊改. 通用航空安全体系自组织演化动力学机制与模式研究［J］. 中国安全生产科学技术, 2012, 8（3）: 135-140.

［122］Luo P, Hu Y. System risk evolution analysis and risk critical event identification based on event sequence diagram［J］. Reliability Engineering & System Safety, 2013, 114（1）: 36-44.

［123］赵贤利, 罗帆. 基于复杂网络理论的机场飞行区风险演化模型研究［J］. 电子科技大学学报（社会科学版）, 2013, 15（4）: 31-34.

［124］Zhao X, Luo F. Research on evolution mechanism of runway incursion risks based on system dynamics［J］. Advances in Intelligent Systems and Computing, 2014（279）: 271-279.

［125］Gonçalves T J M, Correia A R. Obtaining a global index of operational safety in airport runways through a process of weighting of criteria based on cardinal data［J］. Información Tecnológica, 2015, 26（4）: 115-124.

［126］Picchiani M, Chini M, Merucci L, et al. Automatic monitoring of ash and meteorological clouds by Neural Networks［C］// Geoscience and Remote Sensing Symposium. IEEE, 2015: 4805-4808.

［127］赵贤利, 罗帆. 基于系统动力学的跑道侵入风险演化博弈研究［J］. 工业工程, 2015, 18（2）: 73-79.

［128］Lu Y, Zhang S G, Hao L, et al. System dynamics modeling of the safety evolution of blended-wing-body subscale demonstrator flight testing［J］. Safety Science, 2016（89）: 219-230.

［129］唐辛欣, 罗帆. 基于 SEIRS 模型的机场飞行区人为风险传染过程研究［J］. 工业工程, 2016, 19（6）: 56-63.

［130］黄宝军, 房晓丹, 王洁宁. 基于多 agent 的跑道侵入风险分析建模及仿真［J］. 系统仿真学报, 2017, 29（4）: 910-917.

［131］Patriarca R, Gravio G D, Costantino F. A monte carlo evolution of the functional resonance analysis method（FRAM）to assess

215

performance variability in complex systems[J]. Safety Science, 2017(91)：49-60.

[132]Zhao X L. Airport runway security risk evolution model based on complex network[J]. Revista de la Facultad de Ingenieria, 2017, 32(4)：573-580.

[133]王岩韬, 唐建勋, 赵嶷飞. 航班运行风险因素耦合性分析[J]. 中国安全科学学报, 2017, 27(7)：77-81.

[134]齐迹, 郑中义, 李建民. 基于突变理论的海上交通安全系统演化[J]. 大连海事大学学报, 2013, 39(4)：17-20.

[135]王杰, 李雪, 王晓斌. 基于改进BA模型的不同规模海运复杂网络演化研究[J]. 交通运输系统工程与信息, 2013, 13(2)：103-110.

[136]刘清, 王冠雄. 复杂水域船舶通航安全风险耦合机理分析[J]. 武汉理工大学学报(交通科学与工程版), 2014, 38(1)：59-63.

[137]胡甚平, 黎法明, 席永涛, 等. 海上交通系统风险成因耦合机理仿真[J]. 应用基础与工程科学学报, 2015, 23(2)：409-419.

[138]Zhu L, Luo J L. The evolution analysis of guangzhou subway network by complex network theory[J]. Procedia Engineering, 2016(137)：186-195.

[139]刘清, 韩丹丹, 陈艳清, 等. 基于系统动力学的三峡大坝通航风险演化研究[J]. 中国安全科学学报, 2016, 26(4)：19-23.

[140]黄文成, 帅斌, 庞璐, 等. 基于耦合协调度的道路危险品运输系统风险评价[J]. 中国安全科学学报, 2016, 26(6)：117-122.

[141]吴海涛, 罗霞. 基于ISM-FCM的地铁运营风险因素演化分析与权重计算[J]. 交通运输工程与信息学报, 2017, 15(3)：41-48.

[142]Baalisampang T, Abbassi R, Garaniya V, et al. Review and

analysis of fire and explosion accidents in maritime transportation [J]. Ocean Engineering, 2018, 158(15): 350-366.

[143]张阳, 席永涛, 胡甚平, 等. 水上货物运输风险演化系统动力学仿真[J]. 上海海事大学学报, 2018, 39(1): 19-24.

[144]王勇胜, 冷亚军. 基于贝叶斯网络推理的项目群风险及其演化研究[J]. 东北电力大学学报, 2011, 31(5): 104-109.

[145]陈菲琼, 黄义良. 组织文化整合视角下海外并购风险生成与演化[J]. 科研管理, 2011, 32(11): 100-106.

[146]邵伟, 周松, 胡劲松. 大直径泥水盾构浅覆土穿越机场的风险演化分析[J]. 上海交通大学学报, 2012, 46(1): 58-63.

[147]游鹏飞. 地铁隧道施工风险机理分析[J]. 中国安全科学学报, 2012, 22(4): 116, 120.

[148]慕静, 毛金月. 供应链网络道德风险演化与仿真研究[J]. 运筹与管理, 2013, 22(4): 68-76.

[149]赵怡晴, 覃璇, 李仲学, 等. 尾矿库隐患及风险演化系统动力学模拟与仿真[J]. 北京科技大学学报, 2014, 36(9): 1158-1165.

[150]李治国. 海上石油开发项目风险演化模型研究[J]. 武汉理工大学学报(社会科学版), 2014, 27(3): 339-344.

[151]江新, 吴园莉, 徐平, 等. 工程项目群施工风险演化的 SD 模型研究[J]. 中国安全科学学报, 2015, 25(6): 155-161.

[152]江新, 吴园莉. 水电工程项目群交叉作业风险演化机理研究[J]. 中国安全科学学报, 2015, 25(12): 157-163.

[153]陈国华, 王永兴, 高子文. 基于风险熵的化工园区事故风险突变模型研究[J]. 中国安全生产科学技术, 2017, 13(10): 18-24.

[154]Dallat C, Salmon P M, Goode N. Risky systems versus risky people: To what extent do risk assessment methods consider the systems approach to accident causation? A review of the literature [J]. Safety Science, 2017.

[155]孟祥坤, 陈国明, 朱红卫. 海底管道泄漏风险演化复杂网络

217

分析[J]. 中国安全生产科学技术, 2017, 13(4): 26-31.

[156] 覃璇, 李仲学, 赵怡晴. 尾矿库风险演化复杂网络模型及关键隐患分析[J]. 系统工程理论与实践, 2017, 37(6): 1648-1653.

[157] 张媛媛, 杨凯. 尾矿库生命周期溃坝风险演化研究[J]. 中国安全科学学报, 2017(7): 1-6.

[158] 江新, 胡文佳, 袁轩, 等. 地铁隧道施工安全风险演化的BP-SD模型研究[J]. 中国安全生产科学技术, 2017, 13(12): 67-72.

[159] 许树生, 邓娇娇. 城市安全视角下地下工程核心安全风险演化机理及其管控[J]. 城市发展研究, 2017, 24(7): 41-48.

[160] 刘秦南, 王艳伟, 姚明来, 等. 基于系统动力学的PPP项目运营风险演化与仿真研究[J]. 工程管理学报, 2017, 31(5): 57-61.

[161] Zhang L, Wu S, Zheng W, et al. A dynamic and quantitative risk assessment method with uncertainties for offshore managed pressure drilling phases[J]. Safety Science, 2018(104): 39-54.

[162] Encarnação S, Santos F P, Santos F C, et al. Paths to the adoption of electric vehicles: An evolutionary game theoretical approach[J]. Transportation Research Part B: Methodological, 2018(113): 24-33.

[163] Ahmad Z, Thaheem M J, Maqsoom A. Building information modeling as a risk transformer: An evolutionary insight into the project uncertainty[J]. Automation in Construction, 2018(92): 103-119.

[164] 王玲俊, 王英. 基于耗散结构的光伏产业链风险演化条件机制研究[J]. 软科学, 2018, 32(1): 21-26.

[165] Knight F H. Risk, Uncertainty and profit[J]. Social Science Electronic Publishing, 1921(4): 682-690.

[166] Royal S. Risk: Analysis, Perception and Management[M]. London, 1992: 201.

［167］Mitchell V W. Organizational risk perception and reduction：a literature review［J］. British Journal of Management，2005，6（2）：115-133.

［168］International Organization for Standardization. Risk management vocabulary guidelines for use in standards［S］. ISO，2001.

［169］Soren. Guidelines for tunneling risk management：international tunneling［J］. Tunneling and Underground Space Technology，2004，19（3）：217-237.

［170］刘跃进. 国家安全学［M］. 北京：中国政法大学出版社，2004.

［171］中华人民共和国国家标准 GB/T 28001 职业健康安全管理体系规范［S］. 北京：中华人民共和国国家质量检测检疫总局，2011.

［172］The European Aviation Safety Agency. Commission Regulation（EU）No. 965/2012［S］. Official Journal of the European Union，2012.

［173］Vidan P，Slišković M，Oǯašić N. Seaplane traffic in the Republic of Croatia［C］//The Fifth International Conference on Data Analytics. Bhulai，Sandjai；Semanjski，Ivana. 2016.

［174］刘惠高，尹贻梅. 演化经济学的理论知识体系分析［J］. 外国经济与管理，2007，29（6）：21-25.

［175］Hayek F A. The sensory order：an inquiry into the foundation of theoretical psychology［M］. Chicago：University of Chicago Press，1952：231-235.

［176］Fisher R S. Organizational routines as a source of continuous change［J］. Organization Science，2000（6）：49-54.

［177］Witt U. Evolutionary economics：an interpretative survey in evolutionary economics［M］. Program and Scope. Boston：Kluwer Academic Publisher，2001：145-148.

［178］Gould S J. Introduction to quantitative paleocology［J］. Earth Science Reviews，1972，8（1）：75-76.

[179]赵贤利. 机场跑道安全风险演化机理研究[D]. 武汉：武汉理工大学, 2017.

[180]李素鹏. ISO 风险管理标准全解[M]. 北京：人民邮电出版社, 2012.

[181]中华人民共和国国家标准 GB/T 24353—2009　风险管理原则与实施指南[S]. 北京：中华人民共和国国家质量监督检验检疫总局, 中国国家标准化管理委员会, 2009.

[182]中国项目管理研究委员会. 中国项目管理知识体系与国际项目管理专业资质认证标准[M]. 北京：机械工业出版社, 2002.

[183]Pickett K H S. Auditing the risk management process[M]. John Wiley & Sons, 2005.

[184]Hallikas J, Karvonen I, Pulkkinen U, et al. Risk management processed in supplier networks [J]. International Journal of Production Economic, 2004, 90(1)：47-58.

[185]Sabovic S, Hamzagic A, Djordjevic B. Risk management process [J]. TTEM-Technics Technologies Education Management, 2012, 7(4)：1692.

[186]何文炯. 风险管理[M]. 大连：东北财经大学出版社, 1999.

[187]任旭. 工程风险管理[M]. 北京：北京交通大学出版社, 2010.

[188]Newman M E J. The structure and function of network [J]. Computer Physics Communication, 2002(147)：40-45.

[189]Pastor-Satorras R, Vespignani A. Immunization of complex network[J]. Physic Review E, 2001(65)：036104.

[190]Santos F C, Santos M D, Pacheco J M. Social diversity promotes the emergence of cooperation in public goods games[J]. Nature, 2008, 454(7201)：213-216.

[191]Palfrey T R, Rosenthal H. Participation and the provision of discrete public goods：a strategic analysis[J]. Journal of Public Economics, 1984, 24(2)：171-193.

[192] Hardin G. The tragedy of the commons[J]. Science, 1968, 162 (3859): 1243-1248.

[193] Fan R G, Dong L L, Yang W G, Sun J Q. Study on the optimal supervision strategy of government low-carbon subsidy and the corresponding efficiency and stability in the small-world network context [J]. Journal of Cleaner Production, 2017 (168): 536-550.

[194] Wang L, Zheng J. Research on low-carbon diffusion considering the game among enterprises in the complex network contex[J]. Journal of Cleaner Production, 2019(210): 1-11.

[195] Zhang L, Xue L, Zhou Y. How do low-carbon policies promote green diffusion among alliance-based firms in China? An evolutionary-game model of complex networks [J]. Journal of Cleaner Production, 2019(210): 518-529.

[196] 李湘露. 复杂网络、演化博弈与制度的演化分析——评《制度演化及其复杂性》一书[J]. 经济评论, 2012(3): 157-160.

[197] Nowak M A, May R M. Evolutionary games and spatial chaos [J]. Nature, 1992(359): 826-829.

[198] Hauert C, Doebeli M. Spatial structure often inhibits the evolution of cooperation in the snowdrift game[J]. Nature, 2004, 428(6983): 643-646.

[199] Santos F C, Pacheco J M. Scale-Free networks provide a unifying framework for the emergence of cooperation[J]. Physical Review Letters, 2005(95): 1-4.

[200] Gómez-Gardeñes J, Campillo M, Floría, L. M, et al. Dynamical organization of cooperation in complex topologies [J]. Physical Review Letters, 2007, 98(10): 108103.

[201] Chen Y S, Lin H, Wu C X. Evolution of prisoner's dilemma strategies on scale-free networks [J]. Physica A Statistical Mechanics & Its Applications, 2007, 385(1): 379-384.

[202] Assenza S, Gómez-Gardeñes J, Latora V. Enhancement of

221

cooperation in highly clustered scale-free networks[J]. Physical Review E, 2008, 78(1): 017101.

[203] Rong Z, Li X, Wang X. Roles of mixing patterns in cooperation on a scale-free networked game[J]. Physical Review E, 2007, 76(2): 027101.

[204] Tang C L, Wang W X, Wu X, et al. Effects of average degree on cooperation in networked evolutionary game [J]. European Physical Journal B, 2006, 53(3): 411-415.

[205] 寇学智, 胡寓. 道路交通系统中人为操作失误的分析[J]. 交通运输研究, 2005(12): 105-108.

[206] 刘清, 覃盼, 李胜, 等. 内河复杂水域通航环境风险演变指标体系研究[J]. 中国安全科学学报, 2014, 24(8): 139-144.

[207] 刘清, 王冠雄. 复杂水域船舶通航安全风险耦合机理分析[J]. 武汉理工大学学报(交通科学与工程版), 2014, 38(1): 59-63.

[208] 霍志勤. 中国民航运输航空器偏/冲出跑道统计分析[J]. 中国安全生产科学技术, 2012, 8(7): 127-132.

[209] 李琰, 于瑾慧. 矿工不安全行为成本和收益因素识别与分析: 基于扎根理论的探索性研究[J]. 中国安全科学学报, 2017, 27(9): 152-157.

[210] Glazer B G, Strauss A L. The discovery of grounded theory: strategies for qualitative research[M]. New York: Aldine, 1967.

[211] Martin P Y, Turner B A. Grounded theory and organizational research. [J]. Journal of Applied Behavioral Science, 1986, 22 (2): 141-157.

[212] Mauseth T, Hjälmhult E. Adolescents' experiences on coping with parental multiple sclerosis: a grounded theory study[J]. Journal of Clinical Nursing, 2016, 25(5-6): 856-865.

[213] Strauss A, Corbin J. Grounded theory methodology: an overview [M]. Handbook of Qualitative Research Thousand Oaks Sage Publications, 1994: 22-23.

[214] 王璐，高鹏. 扎根理论及其在管理学研究中的应用问题探讨 [J]. 外国经济与管理，2010，32(12)：10-18.

[215] Suddaby R. From the Editors：What grounded theory is not[J]. Academy of Management Journal，2006，49(4)：633-642.

[216] 孙晓娥. 扎根理论在深度访谈研究中的实例探析[J]. 西安交通大学学报(社会科学版)，2011，31(6)：87-92.

[217] 杜晓君，刘赫. 基于扎根理论的中国企业海外并购关键风险的识别研究[J]. 管理评论，2012，24(4)：18-27.

[218] 陈国权，郑红平. 组织学习影响因素、学习能力与绩效关系的实证研究[J]. 管理科学学报，2005，8(1)：48-61.

[219] 尹贻林，赵华，严玲. 工程项目风险分担影响因素层次结构及作用机理研究[J]. 统计与决策，2013(8)：175-178.

[220] Doll W J，Xia W D，Torkzadeh G. A confirmatory factor analysis of the end-user computer satisfaction index[J]. MIS Quarterly，1994，18(4)：453-461.

[221] 吴明隆. 结构方程模型——AMOS 的操作与应用[M]. 重庆：重庆大学出版社，2009.

[222] 李永奎. 基于复杂网络的关联信用风险传染延迟效应研究[D]. 成都：电子科技大学，2016.

[223] Guimerá，R.，Amaral L A N. Modeling the world-wide airport network[J]. The European Physical Journal B - Condensed Matter and Complex Systems，2004，38(2)：381-385.

[224] Guimerà，R.，Mossa，A. Turtschi，et al. The worldwide air transportation network：Anomalous centrality，community structure，and cities' global roles[J]. Proceedings of the National Academy of Sciences of the United States of America，2005，102(22)：7794-7799.

[225] 刘小峰，陈国华. 基于复杂网络的供应链鲁棒性分析[J]. 东南大学学报(自然科学版)，2007，37(S2)：237-242.

[226] 徐凤，朱金福，苗建军. 基于复杂网络的空铁复合网络的鲁棒性研究[J]. 复杂系统与复杂性科学，2015，12(1)：40-45.

[227]吕琳媛. 复杂网络链路预测[J]. 电子科技大学学报, 2010, 39(5): 651-661.

[228]Lü L Y, Zhou T. Link prediction in weighted networks: the role of weak ties[J]. EPL (Europhysics Letters), 2010, 89(1): 1-6.

[229]Santos F C, Pacheco J M, Lenaerts T. Evolutionary dynamics of social dilemmas in structured heterogeneous populations [J]. Proceedings of the National Academy of Sciences of the United States of America, 2006, 103(9): 3490-3494.

[230]Masuda N. Participation costs dismiss the advantage of heterogeneous networks in evolution of cooperation [J]. Proceedings of the Royal Society B Biological Sciences, 2007 (274): 1815-1821.

[231]Tomassini M, Pestelacci E, Luthi L. Social dilemmas and cooperation complex networks[J]. International Journal of Modern Physics C, 2007, 18(7): 1173-1185.

[232]Wu Z X, Guan J Y, Xu X J, et al. Evolutionary prisoner's dilemma game on Barabási-Albert scale-free networks [J]. Physica A Statistical Mechanics & Its Applications, 2007, 379 (2): 672-680.

[233]Szolnoki A, Perc M, Danku Z. Towards effective payoffs in the prisoner's dilemma game on scale-free networks[J]. Physica A Statistical Mechanics & Its Applications, 2008, 387 (8-9): 2075-2082.